VARIÉTÉS SINOLOGIQUES N° 1.

L'ILE

DE

TSONG-MING

A L'EMBOUCHURE

DU YANG-TSE-KIANG.

PAR

LE P. HENRI HAVRET, S. J.

SECONDE ÉDITION

CHANG-HAI.

IMPRIMERIE DE LA MISSION CATHOLIQUE

ORPHELINAT DE T'OU-SÈ-WÈ.

1901.

VARIÉTÉS SINOLOGIQUES

N° 1. L'ÎLE DE T'SONG-MING, à *l'embouchure du Yang-tse-kiang*, par le P. Henri Havret, S. J. — 62 pages, 11 cartes. 7 gravures hors texte ; réimprimé de 1892............ $ 2.00

N° 2. LA PROVINCE DU NGAN-HOEI, par le même. — 13 pages avec 2 pl. et 2 cartes hors texte. 1893.......... épuisé.

N° 3. CROIX ET SWASTIKA EN CHINE, par le P. Louis Gaillard, S. J. — IV-282 pages, avec une phototypie et plus de 200 figures. 1893................ épuisé.

N° 4. LE CANAL IMPÉRIAL, par le P. Dominique Gandar, S.J.— II-75 pages, avec 19 cartes ou plans hors texte. 1894.... $ 1.50

N° 5. PRATIQUE DES EXAMENS LITTÉRAIRES EN CHINE, par le P. Étienne Zi, S. J. — III-278 pages, avec plusieurs planches, gravures et deux plans hors texte. 1894....... $ 4.00

N° 6. 朱熹 LE PHILOSOPHE TCHOU III, *sa doctrine, son influence*, par le P. Stanislas Le Gall, S. J. — III-134 pages. 1894................. $ 2.00

N° 7. LA STÈLE CHRÉTIENNE DE SI-NGAN-FOU, 1ère Partie. *Fac-simile de l'inscription*, par le P. Henri Havret, S. J. — VI-5 pages de texte, CVII pages en photolithographie et une phototypie. 1895............... $ 2.00

N° 8. ALLUSIONS LITTÉRAIRES, 1ère Série, (1er fascicule, Classif. 1 à 100), par le P. Corentin Pétillon, S. J. — V-255 pages. 1895.................. $ 4.00

N° 9. PRATIQUE DES EXAMENS MILITAIRES EN CHINE, par le P. Étienne Zi, S. J. — III-132 pages et nombreuses gravures. 1896. .... $ 2.00

N° 10. HISTOIRE DU ROYAUME DE OU (1112-473 av. J.-C.). par le P. Albert Tschepe, S. J. — II-175 pages, avec 15 gravures et 3 cartes hors texte. 1896. .... $ 3.00

N° 11. NOTIONS TECHNIQUES SUR LA PROPRIÉTÉ EN CHINE, *avec un choix d'actes et de documents officiels*, par le P. Pierre Hoang. — II-200 pages, avec 5 tableaux hors texte. 1897. .... $ 2.50

N° 12. LA STÈLE CHRÉTIENNE DE SI-NGAN-FOU, 2e partie, *Histoire du monument*, par le P. Henri Havret, S. J. — 420 pages, avec 4 cartes et plusieurs gravures dont 11 hors texte. 1897. .... $ 5.00

N° 13. ALLUSIONS LITTÉRAIRES, 1ère Série, (Second fascicule, Classif. 102 à 213), *avec index de 7000 allusions*, par le P. Corentin Pétillon, S. J. — 270 pages. 1898. ...... $ 4.00

DÉPÔT.
A *PARIS*, chez Arthur Savaète.

VARIÉTÉS SINOLOGIQUES N° 1.

L'ILE

DE

TSONG-MING

A L'EMBOUCHURE

DU YANG-TSE-KIANG.

PAR

LE P. HENRI HAVRET, S. J.

SECONDE ÉDITION

CHANG-HAI.

IMPRIMERIE DE LA MISSION CATHOLIQUE

ORPHELINAT DE T'OU-SÈ-WÈ.

1901.

L'ÎLE DE TSONG-MING.

AVANT-PROPOS.

Chaque jour nous apporte sur la Chine un livre, une étude nouvelle, où les erreurs fourmillent à côté de quelques vérités. Touristes et marins, marchands et diplomates, parisiennes mêmes, rivalisent de zèle pour charger de maint trait plaisant l'image du magot. Une simple conversation, ou un rapide passage à travers des contrées, dont ils ignoraient la langue et les usages, leur a donné le droit de décider sur tout, en dernier ressort.

Il est vrai qu'aujourd'hui, plus encore qu'au temps du P. Gaubil «on ne veut plus de Chine des choses si abstraites et si sèches; on veut quelques descriptions, quelques relations; on veut surtout de quoi s'amuser agréablement (1). » Appelons pourtant de nos vœux le jour où une plume véridique vengera *l'Empire du Milieu* des erreurs de tout genre, que l'impardonnable légèreté d'un trop grand nombre d'écrivains a accumulées sur son compte! C'est pour travailler à ces justes revendications que nous offrons au lecteur cet essai historique et géographique sur l'île de Tsong-ming, située à l'embouchure du *Yang-tse-kiang* ou *Fleuve bleu,* à quelques kilomètres au nord de la ville de Chang-hai.

I. LES MALHEURS D'UN CRITIQUE MODERNE.

Avant d'entrer dans le détail de notre histoire, qui intéresse à la fois la géographie, l'économie sociale, la science géologique et l'honneur même des missions catholiques, le lecteur nous saura gré de lui présenter tout d'abord un de ces textes malheureux, auxquels nous faisions tout à l'heure allusion. Il est de M. El. Reclus. Mis en regard des variantes que nous proposerons à l'érudit compilateur, il permettra à chacun d'embrasser d'un coup d'œil la somme remarquable d'inexactitudes qu'il est possible d'entasser en un si petit nombre de lignes.

---

(1) *Lettre* du P. Gaubil à M. de l'Isle 1752.

Texte de la Nouvelle géographie (1).

On dit que l'ile de Tsoungming ou Kiang ché, c'est-à-dire la «Langue du Fleuve» qui s'allonge dans l'estuaire (du Yang-tse) du nord-ouest au sud-est, immédiatement au nord de la rade de Wousoung, *effleurait à peine la surface à l'époque de la domination des Mongols.* (1280 à 1368).......

Les premiers habitants envoyés sur le sol affermi, furent des *bannis du continent,* mais l'île ne cessant de s'accroître et de se consolider, fut bientôt après visitée par des colons libres, qui en changèrent l'aspect par leurs canaux, leurs levées, leurs villages et leurs cultures.

Des pirates japonais s'établirent aussi sur le littoral océanique, et *leurs descendants* devenus de pacifiques agriculteurs *se sont mêlés aux immigrants d'origine continentale.*

Tsoungming où sur environ *un millier de kilomètres carrés se* pressent *deux millions d'habitants,* est une des régions les plus populeuses et *les plus fertiles de la Chine.*

Les colons de Tsoungming *avaient pendant la première moitié de ce siècle, l'avantage de vivre indépendants, sans mandarins qui* vinssent leur faire payer des *impôts* et les vexer par des règlements.

Variantes proposées.

L'île de *Tsong-ming* (崇明), ou plus exactement *Dzong-ming,* appelée aussi autrefois *Kiang-ché* (江舌), *remonte au commencement du 8ᵉ siècle (705)* ......

-

Les premiers habitants furent des pêcheurs et des faucheurs de roseaux, *émigrés volontaires* du continent, dont l'histoire nous a conservé les noms. Bientôt ils furent rejoints par d'autres familles également libres, originaires des environs de Nan-king (南京).

Des Japonais firent à partir du 14ᵉ siècle, plusieurs descentes à *Tsong-ming,* mais si quelques-uns d'entre eux y trouvèrent un tombeau, nul, *que l'on sache, n'y laissa de postérité.*

Tsong-ming avec une surface d'environ 720 *kilom. carrés,* nourrit *plus d'un million d'habitants.* La densité extrême de la population jointe à *la médiocrité de ses terres,* réduit cette ile à une profonde misère.

Tsong-ming fut d'abord rattachée à plusieurs centres administratifs du continent, mais depuis l'an 1293, date de son érection en district séparé, l'île a été régie jusqu'à nos jours par une *série ininterrompue de 216 sous-préfets, dont 33 pour les cinquante premières années de ce siècle.* L'impôt de *Tsong-*

---

(1) *Nouvelle géographie universelle,* par El. Reclus. T. VI. L'Asie orientale, pag. 405.

Aussi la population s'administrant elle-même était-elle à la fois beaucoup plus heureuse et plus policée que celle de la terre ferme. «C'est là, disait Lindsay, qu'il faut aller pour comprendre l'honnêteté et la bienveillance naturelle des Chinois.» (*Report of Proceedings.* Carl Ritter. Asien).

Les insulaires de Tsoungming peuplent successivement les terres nouvelles qui se forment dans l'estuaire du Yang-tze-kiang : c'est ainsi qu'ils ont colonisé *la grande île de Hiteï cha, elle-même formée de cent îles diverses,* qui se rattache par des bancs de vase à la pointe septentrionale de l'entrée. *Ils empiètent ainsi peu à peu sur* la péninsule de Haïmen, au nord du fleuve et la couvrent de belles cultures.

Dans cette région du Kiang-sou, ils se trouvent en contact avec des populations aborigènes *presque sauvages,* dont ils se distinguent singulièrement par la douceur et l'intelligence (Bourdilleau, *Annales de la Propagation de la Foi,* 1871) (1).

ming ne s'élève pas annuellement à plus de 15 centimes par tête.

Les insulaires dont *la grossièreté et la simplicité sont proverbiales auprès des habitants de la terre ferme, doivent une partie de leurs malheurs à l'incurie des mandarins qui les abandonnent à eux-mêmes.* Cependant, c'est encore dans les lieux les plus éloignés de l'action et de la surveillance des mandarins, que les attentats parfois *barbares* contre les personnes et les propriétés deviennent les plus audacieux. *(Chroniques chinoises de l'île).*

C'est la race de *Tsong-ming* qui peuple les nouvelles terres formées à l'embouchure du *Kiang;* c'est ainsi notamment qu'elle a colonisé et qu'elle occupe *à l'exclusion de toute autre,* la péninsule de *Hai-men* (海門) deux fois plus vaste que la mère-patrie, et dont *l'ancienne île de Hi-tai-cha, réunie elle-même depuis près d'un siècle au continent, ne forme qu'une insignifiante partie.*

Dans cette région, ils se trouvent vers le nord-ouest en contact avec des populations aborigènes, dont les qualités aussi bien que les vices, indiquent une *civilisation plus avancée* que celle de leurs voisins.

---

(1) Le renvoi fait en cet endroit par l'auteur aux Annales de la Propagation de la Foi donnerait lieu de penser qu'une partie notable de cette notice doit être imputée à l'ancien missionnaire de Hai-men. Il n'en est rien cependant, et le récit du P. Bourdilleau a tout au plus inspiré le dernier paragraphe de M. Reclus. Le mot "à demi-sauvages" appliqué par le missionnaire à ces aborigènes, est expliqué et restreint par les expressions "superstitieux et batailleurs" qui se trouvent à côté. Le P. Bourdilleau ne dit pas un mot, du

Semblables méprises ne sont point rares dans l'ouvrage de M. Elisée Reclus. Contentons-nous d'en signaler quelques autres au sujet de *Zi-ka-vei (Siu-kia-hoei)*, petit village situé à 8 kilom. S.-O. de *Chang-hai* (上 海). Un séjour de dix années consécutives dans cette résidence, qui est aujourd'hui le centre administratif de la Mission du *Kiang-nan* (江 南), nous donne quelque droit de choisir là plutôt qu'ailleurs le *confirmatur* de notre thèse.

Texte de la Nouvelle géographie (1).

C'est à Zi ka veï que se trouve *le collège des Jésuites, fondé au dix-septième Siècle*.

Ce collège est pourvu maintenant d'un observatoire météorologique où se trouvent les meilleurs instruments, *grâce aux subventions des Etats-unis*.

Variantes proposées.

Le Collège de Zi-ka-vei (徐 家 滙) *a été fondé en l'an de grâce 1850*. Les religieux de l'ancienne Compagnie n'avaient même érigé en Chine aucun établissement de ce genre et, avant 1847, les nouveaux missionnaires du *Kiang-nan* ne possédaient en propre à *Zi-ka-vei*, ni un pouce de terrain, ni le plus modeste édifice.

A côté de ce collège exclusivement destiné aux indigènes, se trouve un observatoire météorologique et magnétique, élevé par les Jésuites français. Cet établissement fondé en 1872 est dû, ainsi que son mobilier et ses instruments, *aux libéralités de bienfaiteurs français* (2).

reste, de "l'intelligence" des Haïménois, qu'il déclare en revanche "plus grossiers que les insulaires de *Tsong-ming*."

Nous offrons au lecteur un croquis de la carte de M. Reclus et nous y joignons une copie de la carte publiée par le P. Du Halde au commencement du siècle dernier. L'on verra que certains auteurs ont coutume de faire leur besogne à peu de frais. Les cartes marines ne lui fournissant pas l'état actuel des côtes de *Hai-men*, M. Reclus s'est contenté de calquer pour cette partie de son travail, la carte des anciens Jésuites, à laquelle il a ajouté en mer, on ne voit trop pourquoi, l'île de *Hi-tai-cha* (戲 台 沙) qui n'existe pas.

Une autre carte que nous reproduirons plus loin et que nous avons dressée d'après nos observations personnelles, rectifiera cette erreur de la *Nouvelle géographie*, et donnera une vue d'ensemble de la rive gauche du *Kiang*, la moins connue jusqu'ici.

(1) *Op. citat.*, pag. 140.
(2) *Relations de la Mission de Nan-kin*, 1873-1874, pag. 61. — *Etudes*, par des pères de la Comp. de Jésus. Février 1888. L'observatoire de *Zi-ka-vei* par le P. M. Dechevrens.

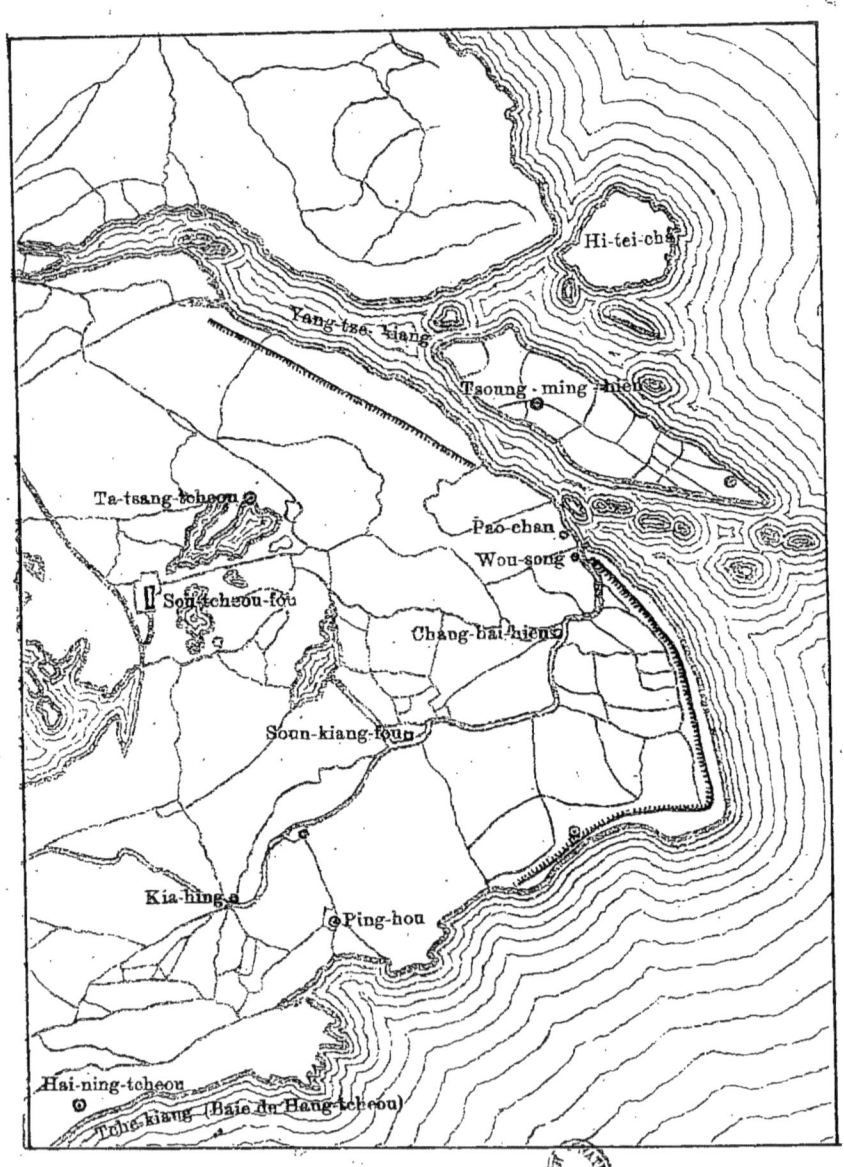

L'EMBOUCHURE DU YANG-TSE-KIANG.
D'après El. Reclus. 1882.

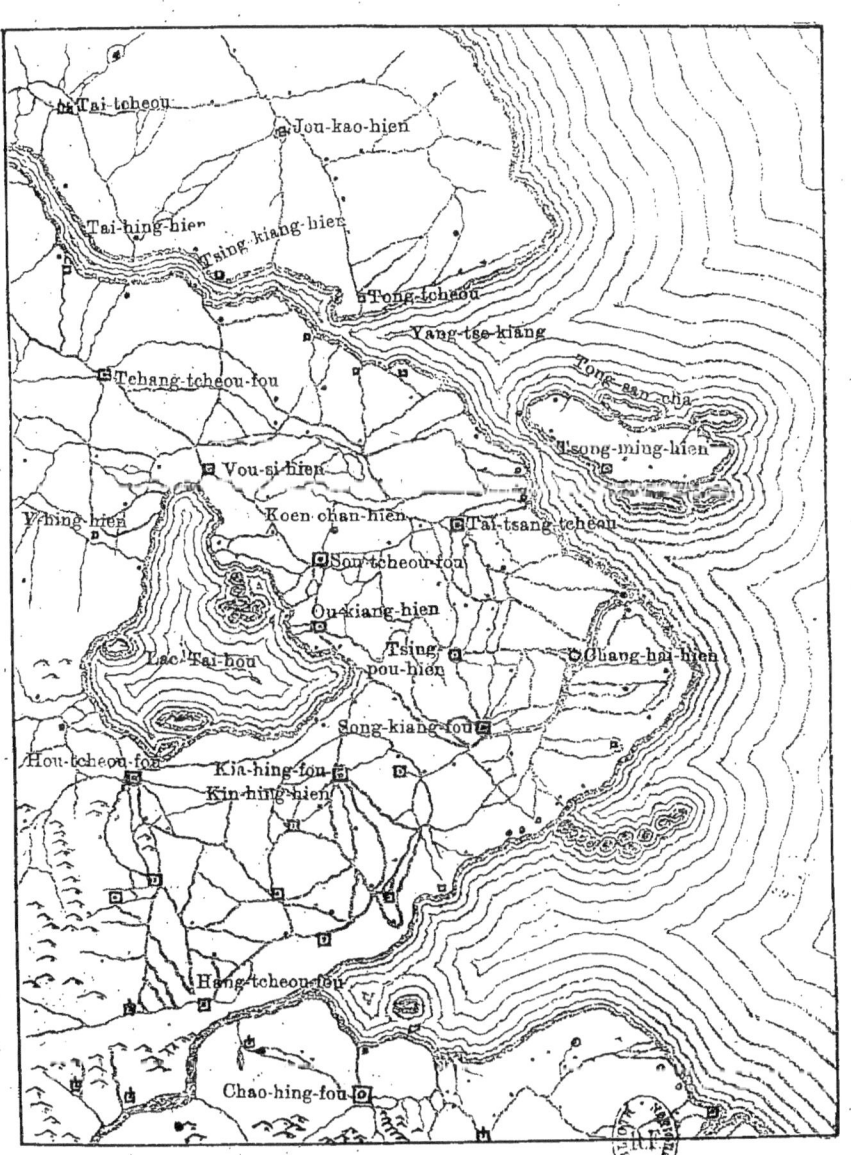

L'EMBOUCHURE DU YANG-TSE-KIANG.

D'après le P. du Halde. 1735

Les jeunes gens qui sortent de ce collège peuvent se présenter aux examens du mandarinat comme les étudiants d'écoles indigènes.

Bien que le collège de Zi-ka-vei, dont le personnel est exclusivement indigène, ait vu, depuis 1858, 67 *de ses élèves reçus bacheliers, aucun d'eux n'a jusqu'ici aspiré aux honneurs du mandarinat* (1).

II. NOS SOURCES.

Les *Chroniques officielles* (志) auxquelles nous emprunterons les principaux éléments de cette étude, sont publiées dans tout l'empire par les ordres et sous la direction des mandarins généraux ou locaux qui s'assurent à cet effet la collaboration des lettrés placés sous leur juridiction. Elles forment une immense collection dont l'étude approfondie présenterait un grand intérêt au point de vue du développement de la nation chinoise. Chaque province, chaque préfecture, sous-préfecture ou district possède ses chroniques

---

(1) On sait qu'en Chine les grades littéraires et les degrés administratifs sont deux choses absolument distinctes; la possession d'un diplôme universitaire n'est point une condition nécessaire ni suffisante pour l'obtention d'une charge dans la carrière administrative, et ces charges du reste ne s'obtiennent pas par concours. — *Errare humanum est;* mais il est de pires fautes que l'erreur. Le géographe libre-penseur a cherché plus d'une fois l'occasion d'écraser de son froid mépris les "Sectateurs du christianisme" ou de prôner les droits de la morale indépendante. S'il parle des "prélats, des missionnaires, des prêtres "de Bouddha" (P. 74, 77, 85 etc.), s'il mentionne Lassa comme la «Rome bouddhique» (P. 89), s'il remarque "l'analogie extrême des pratiques du bouddhisme et des cérémonies "du catholicisme" (P. 79), c'est afin de pouvoir conclure que dans "ces deux religions re-"lativement modernes, par l'essor d'une évolution parallèle, les mêmes cérémonies se "sont continuées en l'honneur de nouvelles divinités" (P. 79), — Ailleurs il proclame que "les Tibétains sont certainement un des peuples les mieux doués de la terre" (P. 69); il nous les représente comme "un peuple modèle, s'ils ne se laissaient discipliner par les "lamas" (P. 70); puis, malgré la "pratique de la polyandrie" existant chez une partie de ce peuple, il se plaît à nous montrer "la femme tibétaine comme toujours respectée par tous" et assure "qu'il n'y a point d'exemple de querelles conjugales entre les membres des famil-"les polyandriques" (P. 83). — Pour lui "le culte de *Yaso* ou Jésus" importé par Xavier au Japon, n'y "fit de rapides progrès" que parce que "les Japonais n'y voyaient d'abord "qu'une secte du bouddhisme" (P. 782). Pour lui "les missionnaires franciscains qui mou-"rurent sur la croix" (1597) avaient été "dénoncés par leurs rivaux (les Jésuites!)" (P. 782) — Il rappelle sèchement le massacre de milliers de chrétiens et de centaines de prêtres (P. 691, 723, 819, etc.) qu'il représente perfidement comme les auteurs des "guerres de "religion" (P. 691, etc), et il félicite les persécuteurs, de n'avoir "pas eu, comme tant d'au-"tres peuples, le malheur de perdre leur indépendance", de ne s'être pas non plus laissé "grouper comme un troupeau, par l'ascendant d'une religion étrangère, sous les lois de leurs convertisseurs" (P. 685). — Mais abrégeons. Nous avons autre chose à faire qu'à relever l'ignorance, les bévues et la mauvaise foi de l'écrivain sectaire.

séculaires, où sont enregistrés tour à tour les renseignements les plus variés. La topographie et l'histoire, les mœurs ainsi que l'administration, les monuments et les ressources publiques, les faits d'armes et les grandes vertus, les illustrations de tout genre, les particularités de langage aussi bien que les œuvres littéraires, les productions du pays et ses ressources industrielles, trouvent place dans cette encyclopédie. Malheureusement plus d'une puérilité dépare ces recueils; parfois la vanité de l'éditeur ou l'argent des intéressés les altère; leur nomenclature trop sèche n'est point assez relevée par la valeur et l'intérêt des détails. Ajoutons qu'un dernier défaut, capital à nos yeux, le défaut total de proportions et l'importance exagérée accordée à certains chapitres de ces annales, enlève à ces dernières une partie trop notable de leur utilité.

Croirait-on, par exemple, que des 120 volumes dont se composent les *Chroniques générales de la province du Ngan-hoei* (安徽通志, édition de 1878), 4 sont consacrés à l'énumération des fils pieux, 4 autres à celle des citoyens intègres, autant à celle des citoyens dévoués, autant à celle des écrivains célèbres, 9 à celle des illustrations littéraires ou administratives, originaires de la province, 18 à celle des mandarins qui ont exercé des charges au Ngan-hoei; enfin jusqu'à 30 volumes (un quart de la collection), nous déroulent l'interminable litanie des chastes veuves!

On le voit, de ces volumineuses Chroniques, il reste bien peu pour les «leçons de choses.» Mais c'est la méthode chinoise et nous devons nous résigner. Hâtons-nous de dire que ce luxe incroyable de mentions à l'honneur du beau sexe est avantageusement compensé par la sobriété des détails concernant les défenseurs de la patrie : un seul volume a suffi pour redire les noms des braves qui se sont distingués dans la carrière des armes.

Ces réserves établies, libre à M. Reclus de prononcer que les Chroniques particulières de la Chine sont un vrai «trésor pour l'ancienneté et la certitude des faits qu'on y rapporte». (*Op. cit.* pag. 266.) Quoique cette affirmation soit pour nous très suspecte dans les matières où les auteurs indigènes auraient eu quelque intérêt à tromper, c'est surtout appuyé sur leur témoignage que nous entreprenons cette nouvelle histoire d'une île. Nous laissons, en attendant, au géographe français, la responsabilité de son jugement sur le «corps des annales chinoises», qu'il déclare, sans le connaître assez, «le monument d'histoire le plus authentique et le plus complet que possède l'humanité». Le P. Amiot, dont le témoignage est cité, à la suite de cette affirmation imprudente, ne s'est jamais rendu coupable de la comparaison outrageante qu'elle suppose, à l'égard des livres révélés par Dieu.

Les *Chroniques* que nous utiliserons le plus souvent au cours de ce récit, sont celles de la sous-préfecture de *Tsong-ming* (崇明縣志). Nous possédons deux éditions de cet ouvrage, l'une de

1760, l'autre imprimée en 1881 et comprenant 18 fascicules (卷) in-8°. Le dernier tome de cette collection, reproduisant les préfaces des éditions précédentes, nous montre avec quel soin les Chinois recueillent les traditions que leur ont transmises leurs pères. Il nous apprend que les *Chroniques* de *Tsong-ming*, par exemple, imprimées pour la première fois vers la fin du 13ᵉ siècle, furent complétées et rééditées dans les années 1351, 1444, 1561, 1604, 1681, 1727 et 1760. Il est en outre fait mention, au même lieu, d'autres travaux restés inachevés en 1520, 1650 et 1668.

Plusieurs autres documents, d'origine chinoise, auxquels nous ferons des emprunts, seront cités par nous au cours de ces pages; mais pour ne point retarder davantage la marche de notre histoire, nous nous contenterons de rejeter ces indications dans des notes, où trouveront place aussi plusieurs extraits d'ouvrages étrangers.

III. PREMIÈRE PÉRIODE : *PROFITS ET PERTES COMPENSÉS* (以漲補坍).

L'histoire de *Tsong-ming* peut se diviser en trois périodes, dont la première s'étendant du 7ᵉ siècle à la fin du 13ᵉ, et désignée par les indigènes sous le nom pittoresque de *Profits et pertes compensés*, est ainsi décrite au premier volume des *Chroniques*.

«La première des années *Vertu belliqueuse*, de *Kao-tsou* (高
«祖武德), empereur de la dynastie des *T'ang* (唐) (620 ap. J.-C.),
«au sud de la sous-préfecture de *Hai-men*, surgirent tout à coup
«du sein des eaux deux îles que l'on nomma *Tong-cha* et *Si-cha*
«(東西沙, *Banc de l'Est et Banc de l'Ouest*). En 696. (1) des pê-
«cheurs & des faucheurs de roseaux se fixèrent sur cette terre.
«C'étaient les six familles *Hoang, Kou, Tong, Che, Lou et Song*
«(黃顧董施陸宋) (2). Elles défrichèrent le sol qu'elles couvri-

---

(1) Les Chinois comptent les dates d'après les années de règne de leur souverain, ou bien d'après celle de leur cycle de 60 ans; les deux méthodes sont fort imparfaites. Et pourtant, ce n'était point assez à leurs yeux de 22 dynasties et de 241 empereurs pour embrouiller les choses: un grand nombre de règnes ont porté successivement des titres différents et chacun de ceux-ci possède sa numération spéciale. C'est ainsi que le petit-fils de Kao-tsou, durant les 34 ans qu'il resta sur le trône, changea 14 fois le titre de son règne! Nous avons pensé qu'il suffisait dans notre traduction d'avoir donné un exemple de cette méthode, sans surcharger les autres dates de ce vain fatras d'érudition. A l'avenir, aux indications des auteurs chinois, nous substituerons simplement la date correspondante de l'ère chrétienne.

(2) Chacun sait que le nombre des noms de famille fut d'abord fixé à cent. Il a été dans la suite augmenté et atteignait déjà le chiffre de 438 sous la dynastie des *Song* (宋, 10ᵉ au 13ᵉ siècle) qui en fit publier un catalogue *(Pé-kia-sing* 百家姓 c.-à-d. les noms des cent familles), qu'apprennent par cœur les enfants des écoles.

«rent de cultures. Neuf ans après fut établi sur *Si-cha le bourg de*
«*Tsong-ming*, avec dépendance de la sous-préfecture de *Hai-men*.
«C'est de cette époque que date l'appellation de *Tsong-ming* (1).
«Environ trois siècles après leur naissance, ces îles commencèrent
«à disparaître, mais en même temps, il s'en formait à peu de dis-
«tance au N.-O. une nouvelle qui fut appelée *Yao-lieou-cha* (姚
«劉 沙) du nom des deux premières familles qui l'habitèrent. Au
«commencement du 12ᵉ siècle (1101), les deux bancs *Tong-cha* et
«*Si-cha* avaient complètement disparu, et tandis que celui de *Yao-*
«*lieou-cha* lui-même s'abîmait peu à peu, une dernière île s'élevait
«au N.-E. et recevait le nom de *Tong-san-cha* (東 三 沙), en mé-
«moire des trois familles *Tchou*, *T'cheng* et *Tchang* (朱 陳 張) qui
«s'y établirent. Ces colons, ainsi que les précédents, étaient des
«émigrés de *Kiu-yong* (句 容), sous-préfecture ancienne située au
«sud de *Nan-king*. Cependant *Yao-lieou-cha*, qui résistait encore
«aux efforts du courant destructeur, avait vu en 1222 le nom de
«*Tsong-ming-tchen* (鎮) changé par l'empereur en celui de *T'ien-*
«*se-t'chang* (天 賜 塲 *Salines don du Ciel*), et les salines officielles
«rattachées au district de *T'ong-tcheou* (通 州). Enfin en 1293,
«un mémoire adressé à l'empereur et tendant à l'élévation de l'île
«au rang de district *(tcheou* 州*)* fut agréé de la Cour et c'est de
«cette époque que date la juridiction propre de *Tsong-ming*, avec
«dépendance de *Yang-tcheou* (揚 州) (2).»

«Une ville murée, du nom de *Tsong-ming-tcheou*, fut élevée
«cette même année, sur le territoire de *Yao-lieou-cha*, et le man-
«darin *Sié Wen-hou* (薛 文 虎) entoura la nouvelle cité de murail-
«les en terre (3).»

Une carte que nous reproduisons d'après l'édition de 1760 résume bien cette première période. Ce document dont nous res-
pectons l'intégrité, laisse à désirer au point de vue des proportions et de l'orientation; mais ce défaut commun à toute la carto-
graphie chinoise, offre ici peu d'inconvénients; car l'auteur dont
nous avons donné la version, signale plusieurs divergences d'opi-
nions au sujet de la position relative de ces îles.

Voici donc *Tsong-ming* jugée digne par le *Fils du Ciel*, de
constituer un district et de posséder une ville murée. Sans doute
ce fut pour elle «beaucoup d'honneur», mais les calamités ne furent pas pour cela conjurées; bientôt les vicissitudes d'une île
errante au sein des flots se compliqueront des infortunes de sa
métropole, et le tableau des *Cinq migrations*, tiré des mêmes

---

(1) *Tsong-ming* (崇 明), que les insulaires prononcent *Dzong ming* et les gens du nord *T'chong-ming*, signifie *l'Estime des facultés intellectuelles*. *Hai-men* (海 門) veut dire *Porte de la mer*.

(2) *Chron. de la sous-préf. de Tsong-ming*, chap. des *Mutations* (沿 革).

(3) *Ibid.* chap. des *Remparts et fossés* (城 池).

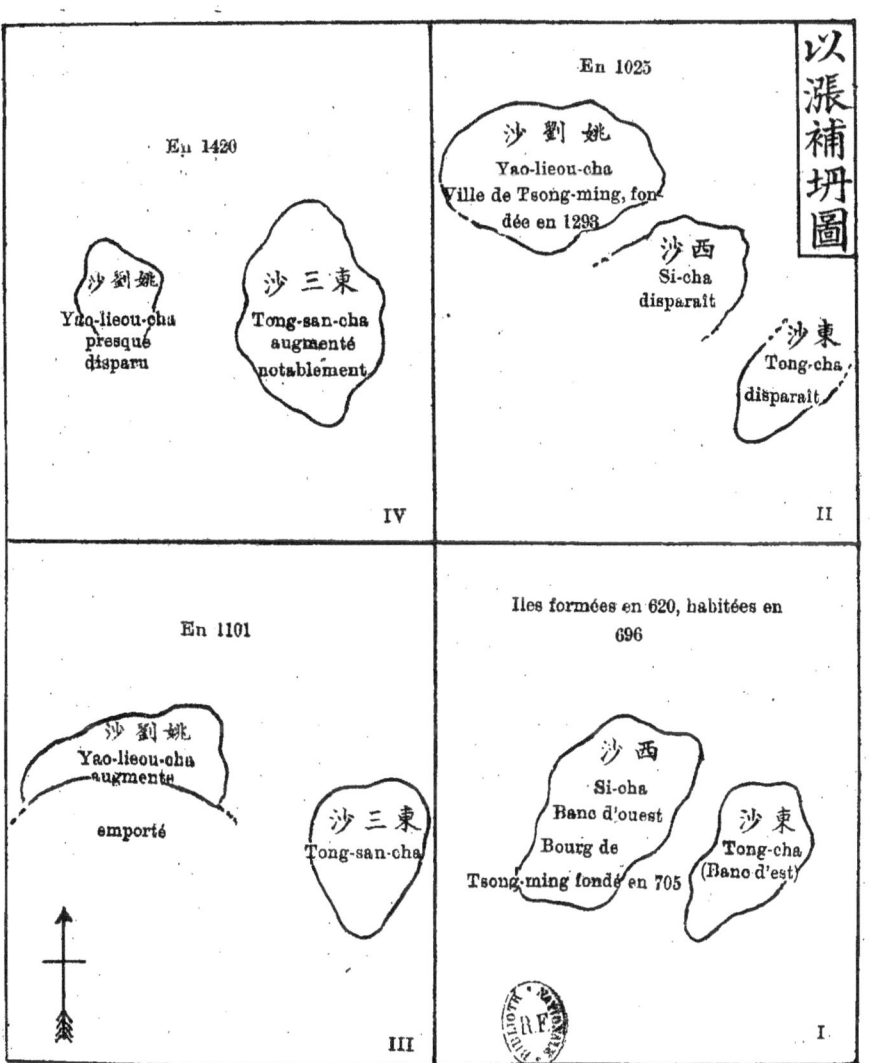

CARTE DES "PROFITS ET PERTES COMPENSÉS"
D'après les *Chroniques* de 1760.

sources nous montrera au prix de quels sacrifices et avec quelle constance, le gouvernement chinois sait maintenir sa domination sur les terres de son empire.

Mais avant de continuer notre histoire, arrêtons-nous un peu à l'examen de ces origines : Le mode de formation de ces terres nouvelles, l'époque exacte de leur naissance, les épreuves qu'elles subirent, la race qui les peupla, enfin leur administration politique sont autant de questions qu'il nous faut résoudre brièvement.

IV. THÉORIE DU SOULÈVEMENT.

Voici comment s'exprimait en 1760, *Tchao Ting-kien*, gouverneur de *Tsong-ming*, rééditeur officiel des Chroniques au sujet du mode de formation de notre île : «L'an 620, au sud du dis-«trict de *Hai-men,* un dragon *Chen* (蜃), couleur pourpre, forma «une nuée de vapeurs qu'il vomit. Alors surgirent du sein des «eaux les bancs de sable *Tong-cha* et *Si-cha* (1).»

Il semble que l'éditeur de 1881, tout chinois qu'il est, ait voulu, en reléguant cette fable au rang de simple note, décliner le ridicule qui s'attacherait au patron d'une telle théorie. Il se contente d'écrire, ainsi que nous l'avons dit plus haut, que «ces deux «îles surgirent tout à coup du milieu de la mer (騰湧) (2).»

Nous parierions cependant que l'auteur moderne n'abandonna qu'à regret la tradition merveilleuse de ses prédécesseurs. Rien en effet, même au 19ᵉ siècle, n'est plus chinois que la croyance aux dragons, petits & grands, par lesquels les plus hauts dignitaires de l'empire eux-mêmes expliquent tous les événements dont ils ignorent les causes naturelles.

Quoi qu'il en soit, faudrait-il voir dans le caractère de soudaineté que signalent les premiers chroniqueurs, l'indice d'un soulèvement subit du sol sous-marin ? Bien qu'une telle explication puisse trouver quelque vraisemblance dans les phénomènes qui se produisent depuis des siècles vers l'embouchure du *Yang-tse-kiang*

---

(1) *Op. cit.* Edit. 1760 ; T. I. pag. 1.

Voici quelques détails intéressants sur cet animal fabuleux : "The *Shin (chen)* is "popularly described as an embryotic dragon, or a dragon in the first stage of existence. "It is formed by the perspiration of that animal falling from the sky upon terrestrial "beings. Animals thus affected become *Shin*, sink into the ground and remain there, "some say thirty, some a hundred years, emerging in heavy rains as a *Kiau (kiao* 蛟), "which is subsequently transformed into a dragon. These fabulous beings are charged with "much that is otherwise inexplicable in the world of matter". D. Macgowan. *Cosmical phenomena of Shang-hai.* Journal of the N. C. Branch, Royal As.Soc. Sept. 1860.

(2) *Op. cit.* Edit. 1881 ; T. II. pag. 1.

(揚子江), nous la considérons comme assez peu probable.

Nous pouvons ranger sous trois chefs principaux ces phénomènes qu'ont fidèlement enregistrés diverses Chroniques, au chapitre des *Pronostics* (祲祥).

1° — Eruptions. La plus remarquable de celles que citent les Chron. générales du *Kiang-nan*, se produisit à *Ting-lin* (亭林) 90 kilom. sud de la ville actuelle de *Tsong-ming*, juste deux siècles avant l'apparition de *Tong-cha* (419 ap. J.-C.). Voici la note malheureusement trop brève que lui ont consacrée les annales chinoises: «La terre s'entr'ouvrit de plusieurs pieds; il y eut comme un bruit de vagues et émission de feu». Macgowan voit dans ce fait un volcan passager émettant un gaz enflammé, tel qu'on en trouve en Mandchourie. À quelques kilomètres de *Chang-hai*, le même auteur rappelle qu'une fontaine bien connue sous le nom de «Bubbling well» émet librement de l'hydrogène carboné.

2° — Action sous-marine. Les Chron. de *Tsong-ming* nous apprennent qu'en 1684 «il y eut un jour trois marées» et celles du *Kiang-nan* mentionnent neuf cas de ce genre constatés sur la côte de cette province de 1357 à 1778. Nous pensons avec Macgowan que ce phénomène doit être attribué aux tremblements de terre qui se produisent sous l'action des volcans situés à l'Est de la Chine. Les exemples du reste ne manquent pas qui confirment cette explication et corroborent le témoignage des écrivains indigènes, si peu suspects de falsification en pareille matière, que Macgowan a pu écrire : «I have too much confidence in the truthfulness of Chinese records, to reject the statements».

Peut-être conviendrait-il de rattacher à la même cause la coloration des eaux de la mer, qui est parfois signalée. C'est ainsi par exemple que l'an 1500, à la 6e Lune, «les eaux de la marée «qui vinrent baigner *Tsong-ming*, présentèrent la couleur du sang».

3° — Tremblements de terre. Les Chron. de *Tsong-ming* n'en mentionnent aucun antérieur au 15e siècle. Cette omission vient sans doute de la date relativement récente de ce recueil. Voici par ordre chronologique la suite des observations consignées dans l'édition de 1881, avec la brève mention qui les accompagne :

«En 1498, 6e jour de la 6e Lune, les canaux éprouvèrent des «secousses, et leurs eaux jaillissant s'élevèrent de plusieurs pieds. «Il en fut ainsi dans tous les fossés, réservoirs et canaux de la ville «et de la campagne. Cela dura assez longtemps, puis tout rentra «dans le calme. — En 1600, 25 de la 9e Lune, tremblement de «terre. — Item en 1621, 12e Lune. — En 1658, 22 de la 8e Lune. «— En 1666, le 1er et le 8 de la 12e Lune. — En 1668, le 7 de «la 2e Lune. La même année, le 17 de la 9e Lune, nouveau tremblement de terre; les maisons sont agitées, la terre se crevasse. «— En 1672, le 22 de la 8e Lune, tremblement de terre. — Item «en 1678, le 5 de la 4e Lune et le 19 de la 7e Lune. — En 1727, «à la 8e Lune. — En 1764, 28 de la 5e Lune. — En 1789, 9e Lu-

IV. THÉORIE DU SOULÈVEMENT.

«ne. — En 1845, le 19 de la 11ᵉ Lune. — L'année suivante, le
«13 de la 6ᵉ Lune, entre 3 et 4 heures du matin. — En 1847, le
«5 de la 10ᵉ Lune, durant la nuit. — En 1852, le 6 de la 11ᵉ
«Lune, vers 7 heures du soir. — L'année suivante, le 2 de la 3ᵉ
«Lune, vers 9h. du soir; l'eau des canaux fut projetée en l'air, les
«maisons et les meubles furent ébranlés et l'on entendit du bruit.
«Les jours suivants, il y eut de légères secousses, jusqu'au 18 ;
«alors tout cessa. — En 1872, le 19 de la 8ᵉ Lune, tremblement
«de terre vers 7h. du matin.»

Aucun de ces phénomènes ne nous paraît avoir eu une énergie suffisante pour provoquer le soulèvement dont *Tsong-si-cha* aurait été l'objet. De plus, ce soulèvement eût eu son contre-coup sur les rives du *Kiang,* fort habitées dès cette époque ; or les chroniques de ces contrées se taisent sur ce fait. Enfin la disparition graduelle de ces premières îles par l'action dissolvante des eaux nous confirme dans la pensée que la formation de *Tsong-ming* résulte de l'action locale et purement extérieure de l'alluvion.

Encore un mot, avant de développer ces faits de l'alluvionnement. Nous serions incomplet si, après avoir cité l'opinion des partisans arriérés du dragon, nous n'indiquions, au moins pour mémoire, la théorie aussi peu vraisemblable de M. Eug. Simon. Après avoir parlé des lentes oscillations du sol pendant la période quaternaire, l'ancien consul de France en Chine poursuit en ces termes : «On pourrait, entre autres faits que des observations
«suivies feraient certainement apercevoir, citer...en Chine, l'exhaus-
«sement (1) et l'agrandissement de l'île de *Tsong-ming,* l'émer-
«gement de l'archipel de *Chusan* qui finira par être rattaché
«au continent ; l'élévation du fond des golfes de *Leao-tong* et du
«*Pé-tche-li*...... et enfin et surtout le déplacement actuel de l'embou-
«chure du *Fleuve Jaune* qui recule en faisant de si grands rava-
«ges (2).»

---

(1) La seule preuve qui pourrait nous forcer d'admettre le soulèvement de l'île de *Tsong-ming*, serait une surélévation notable de son sol au-dessus des plus hautes marées. Or le sol de l'île reste inférieur au niveau des grandes eaux et, sans les digues qui protègent les côtes de l'île et enserrent ses canaux, les terres voisines du Fleuve seraient nécessairement submergées. Cette assertion ne fait aucun doute pour les indigènes ; un missionnaire qui a vécu onze ans à *Tsong-ming*, le P. Th. Bobet, m'a dit avoir constaté son exactitude pour le point réputé le plus élevé.

(2) *Notes sur les recherches qu'on pourrait faire en Chine et au Japon au point de vue de la géologie et de la paléontologie,* par G. Eug. Simon. 1869.—Derrière ce titre modeste bien qu'un peu long, le géologue abrite d'autres propositions d'une logique non moins douteuse: "L'homme qu'il connaît n'a point été créé. Ce n'est que degré à degré qu'il "descendit des arbres où il perchait, pour fonder dans les plaines les sociétés puissantes "que l'on connaît... Peut-être ne sera-t-il jamais donné à l'homme de découvrir le mot "de sa destinée; rien toutefois ne saurait lui en faire concevoir une idée plus haute et "plus consolante que la connaissance de ses origines. C'est en effet bien consolant ! L'au-

V. LES TROUBLES DU FLEUVE BLEU.

Voici comment dès 1735, le P. du Halde, reproduisant une lettre d'un missionnaire de *Tsong-ming,* émettait cette opinion, que tous regardent aujourd'hui comme une vérité hors de doute : «On prétend que l'isle de *Tsong-ming* s'est formée peu à peu des terres que le *Yang-tse-kiang,* grand Fleuve qui passe à *Nan-king,* a entraînées de diverses provinces qu'il arrose (1).»

Au commencement de ce siècle, Grosier rapportant le sentiment des anciens missionnaires, qu'embrassèrent aussi «les savants de l'ambassade anglaise» (1793), ne donnait lui-même qu'à titre de conjecture l'île de *Tsong-ming,* comme «une production assez récente (2).»

Les Chroniques de *Tsong-ming,* moins savantes que les géologues d'Europe, ne se sont pourtant pas méprises sur la cause normale de ces formations alluviales, et leurs auteurs, malgré leur foi puérile en un dragon protecteur, assignent souvent les troubles du *Kiang* comme les vrais agents qui créent de nouvelles terres dans le lit ou sur les rives du Fleuve. Ils constatent, par exemple, que les canaux s'ensablent rapidement et que chaque repos de la marée laisse retomber une quantité notable de sédiment sur les côtes qu'un courant trop rapide ne vient pas affouiller et détruire.

Mais là se borne pour nos insulaires la connaissance du phénomène, et certes, en dépit des rêves les plus optimistes, ce n'est

---

teur est plus facétieux encore quand il provoque les Chinois à l'étude de la géologie, "la "science par excellence, dans l'espoir qu'alors, peu à peu, s'établira entre eux et les euro-"péens un courant de confiance et de sympathie sur lesquels on pourra enfin fonder les "plus immenses et les plus durables relations."

En réalité M. Simon avait en vue des intérêts d'un ordre plus relevé; il espérait confirmer par les "recherches qu'on pourrait faire..." sa thèse favorite de l'homme-singe. Longtemps avant ce rêve d'un utopiste, des hommes qui connaissaient bien les Chinois, prononçaient ce jugement véridique : "Ceux qu'on appelle habiles lettrés Chinois sont "ordinairement des hommes qui n'ont nulle critique, peu d'érudition ; ils sont sans princi-"pes de nos sciences et pleins intérieurement d'un mépris ridicule pour tout ce qui n'est "pas chinois. Du reste ils comptent pour rien de nous tromper, disant selon leurs inté-"rêts, le blanc et le noir." *(Lettre* du P. Gaubil à M. de l'Isle. 1752).

En tous cas, il est fâcheux que l'auteur, non content du rôle de bête qu'il revendique pour ses ancêtres, ait voulu se réserver personnellement celui d'homme méchant. Nous ne pouvons appeler d'un autre nom, celui qui a pris à tâche dans un livre, *la Cité Chinoise,* de prodiguer la calomnie aux missionnaires catholiques, qu'à coup sûr, il connaît aussi peu que la nation païenne dont il s'est fait le panégyriste grotesque.

(1) *Description de l'Empire de la Chine,* par le P. J. B. Du Halde, S. J. 1735. — Lettre du P. Jacquinot, 1712.

(2) Grosier. *De la Chine.* T. 1. pag. 75. 1818.

pas un Chinois qui entreprendrait pour l'amour de la science, des mesures et des calculs, dont les résultats immédiats ne se chiffreraient point par un bénéfice matériel. Heureusement, ce que n'eût pas fait un Chinois, un médecin de la marine anglaise, H. B. Guppy l'a accompli il y a douze ans, et ses conclusions nous permettent d'apprécier la somme de travail à laquelle correspond la formation de *Tsong-ming* avec ses dimensions actuelles (1).

C'est à *Han-k'eou* (漢 口), juste au-dessous de la jonction de la rivière Han avec le Fleuve Bleu, que Guppy a fait ses recherches, du mois de Mai 1877 au mois d'Avril 1878. A cette hauteur le débit moyen annuel a été trouvé de 18.456 m. cub. par seconde. La moyenne mensuelle minimum, indiquée fin de Janvier, n'était que de 3.995 m. cub.; la moyenne maximum montait, fin d'Août précédent, à 16.113 m. cub.; soit une proportion de $1/2$ (2).

Han-k'eou est à 1.055 kilomètres de la mer. En estimant la partie du bassin qui se trouve en aval de *Han-k'eou* aux $2/13$ de la surface totale, et en supposant égales de part et d'autre les conditions d'écoulement, l'on obtient pour le débit moyen annuel du Fleuve, à la hauteur de *Tsong-ming*, le chiffre de 21.812 m. cub. d'eau, soit en une année 687.863.232.000 m. cub. Calculant ensuite le poids des matières en suspension, et l'évaluant en moyenne à $\frac{1}{2188}$ du poids total, soit à $\frac{1}{4157}$ du volume (si l'on donne à la boue desséchée la densité 1,9) Guppy est arrivé à assigner comme volume moyen de sédiment charrié à la mer, une masse de 5,$^{m.\ c.}$775 par seconde, soit en une année 182.018.175 m. cub. (3).

Voulez-vous savoir maintenant quelle masse de rocher représente ce dernier chiffre? Remplacez la densité 1,9 du sédiment, par celle 2,8 du roc, et vous verrez que chaque année, les eaux du *Kiang* charrient des sommets du Tibet jusque sur les côtes de la mer de Chine, un cube mesurant environ 500 mètres de côté.

Calculez enfin combien il a fallu de ces blocs, descendus en détail par une voie d'eau de 4.650 kilomètres pour former l'île actuelle de *Tsong-ming*. En donnant à cette dernière une profondeur moyenne de 20 brasses (36 mètres) et en évaluant sa surface à 780 kilom. carrés, vous conclurez que sa masse représente le

---

(1) *Notes on the Hydrology of the Yang-tse...* By H. B. Guppy, M. B. Surgeon H. M. S. Hornet. — Journal of the N. Ch. Branch. R. as. Soc. 1881.

(2) Les facteurs de cette proportion, à savoir la vitesse du courant et la profondeur du Fleuve, sont indiqués par les chiffres suivants : la vitesse a varié de $4/5$ de nœud à 3 nœuds et demi, et la profondeur de 30 pieds à 62.

(3) *Op. cit.* La quantité des matières en suspension dans le *Kiang* est très variable suivant les saisons. En Mars 1878 Guppy n'observait que $3/5$ de grain par pinte de 20 onces, et il trouvait 7 grains en Juillet. La moyenne qu'il adopta fut de quatre grains par pinte, soit 0 gr. 2592 pour 567 gr. 90.

travail du *Kiang* pendant 154 années. Cent cinquante-quatre de ces blocs titanesques détachés des carrières de l'Asie centrale!

VI. L'ÂGE DE TSONG-MING.

Un dernier élément nous reste à étudier dans la question des origines matérielles de *Tsong-ming;* c'est celui de son âge.

A l'époque où, suivant M. Reclus, «la surface de l'île aurait à peine effleuré celle du Fleuve,» c'est-à-dire au commencement de la domination Mongole (1293), les Chroniques nous montrent cette contrée comme constituée en district, avec sa ville fortifiée, son gouverneur particulier et sa population qu'elles évaluent déjà à 12.700 familles. Ces données très précises et incontestables sont du reste confirmées par d'autres détails intéressants, que nous devons aux mêmes sources (1).

C'est ainsi qu'au dire des Chroniques, le bourg de *Tsong-ming*, établi dès l'an 705 sur le banc de *Si-cha*, était dès lors le centre d'un «marché» très actif; c'est ainsi que quatre siècles plus tard (1105) «la pêche et l'exploitation des salines étant très-productives, «la population s'accrut, et que plusieurs familles dont les noms «sont cités, élevèrent des établissements considérables.» C'est ainsi enfin qu'en 1291, «les habitants de *T'ien-se-t'chang* devenant «chaque jour plus nombreux, le mandarin Sié Wen-hou ayant pitié «du peuple, adressa un mémoire à la cour, pour la prier d'ériger «le district de *Tsong-ming* (2).»

Du reste nous croyons avoir surpris dans Grosier l'explication d'une erreur que d'autres auteurs ont commise après lui. «L'am-«bassade de Lord Macartney remarquant, paraît-il, que sur la «carte conservée dans le palais ducal de Venise, et qu'on croit «avoir été tracée d'après les esquisses originales de Marco Polo, «on ne trouve point l'île de *Tsong-ming*, quoique plusieurs autres «de la même côte y soient distinctement indiquées, en inféra que «cette île n'existait peut-être pas encore au 13ᵉ siècle, époque à «laquelle le voyageur vénitien parcourait ces contrées, ou qu'elle «était alors si basse et si peu considérable, qu'elle aurait échappé «à l'attention de Marco Polo (3).»

Si l'on se souvient que de 1222 à 1293, le nom de *Tsong-ming* fut remplacé par celui de *T'ien-se-t'chang*, et si l'on songe que Marco Polo vint précisément en Chine, au moment où la première

---

(1) Chron. de *Tsong-ming*. Chap. de la *Population* (戶 口). Ces 12.700 familles doivent donner environ 60.000 habitants.

(2) *Chron. de Tsong-ming*. Chap. des *Mutations* (沿 革).

(3) Grosier, Op. et loc. cit.

appellation était tombée depuis un demi-siècle en désuétude (1271-1292), nul ne s'étonnera que la carte de Venise, eût-elle été tracée par le célèbre voyageur, n'ait point fait mention de ce nom, bien que «sur la même côte, on en ait indiqué distinctement plusieurs autres (1)».

VII. ORIGINE DES PREMIERS COLONS.

Ces détails techniques et purement matériels passionneraient peu sans doute les colons de *Tsong-ming*, mais il est un autre point de leur histoire sur lequel on trouverait nos insulaires moins traitables. Je veux parler de l'origine peu honorable qu'on attribue à quelques-uns de leurs ancêtres, «bannis du continent.» Ici, nous l'avouons, la critique, d'ordinaire mieux avisée, du P. Du Halde s'est trouvée en défaut et l'erreur qu'il a commise, en faisant sien le récit du P. Jacquinot, a été reproduite à l'envi par les auteurs qui ont traité après lui de notre île.

Demandez au premier paysan que vous rencontrerez à *Tsong-ming*, quelle région habitaient ses ancêtres avant de passer du continent sur l'île : cet homme sans lettres vous répondra tout de suite et sans hésitation, qu'en telle année de tel règne et sous telle dynastie, l'un de ses aïeux, dont il sait bien le nom, quitta telle région pour s'établir sur ces terres nouvelles, et le plus souvent, il assignera la cité de *Kiu-yong* comme le point de départ de cette migration. Il possède du reste une preuve écrite de son affirmation. A *Tsong-ming* chaque famille garde comme un trésor ses archives imprimées, vrais livres généalogiques, où se transmettent depuis des siècles les noms et les faits principaux des descendants du même nom ou *Sing*. C'est le *Kia-pou* (家譜) regis-

---

(1) Il est absolument faux que "la période de doublement de la population, soit pour "la Chine au plus d'une vingtaine d'années," comme l'insinue M. Reclus (*Op. cit.* p. 566). Un frère de la doctrine chrétienne a dit plus vrai en affirmant que la population chinoise fait plus que doubler en un siècle. (*La terre illustrée*, pag. 170.) En fixant à 60 années la période de doublement, et en partant du chiffre de 60.000 hab. que nous trouvons sur l'île en 1293, pour remonter jusqu'à l'époque de la première colonisation de *Tong-si-cha*, nous arrivons à un chiffre de 58 personnes qui représente assez exactement l'effectif des onze familles nommées par les Chroniques. Nous avons relevé dans une partie de nos registres prise au hasard, la proportion de nos chrétiens appartenant à ces onze familles *(Houng, Kou, Tong, Che, Lou, Song, Yao, Lieou, Tchou, T'cheng et Tchang)*. Sur un chiffre total de 6.789 chrétiens, ces familles représentent 3.137 individus. Douze autres familles passées dans l'île vers le 12e ou 13e siècle, fournissent chacune plus de cent membres à la communauté chrétienne, et donnent un total de 2.431. Le reste, 1231, se répartit entre 55 familles de *Sing* 姓 différent.

tre de famille, qui unit dans un même lien les membres épars du même corps familial, et dont les listes déjà longues s'enrichissent régulièrement de nouveaux noms et de nouvelles actions.

Disons enfin qu'il n'existe aucun document donnant quelque crédit à l'imputation du P. Du Halde. Ni les Chroniques locales de l'île ou des contrées voisines, ni les Annales générales de la Province, n'en font la moindre mention.

Comment donc en l'absence de tout document positif, l'ancien missionnaire de *Tsong-ming* a-t-il pu écrire qu'«anciennement «cette île était un pays désert et sablonneux, tout couvert de ro-«seaux, où l'on reléguait les bandits et les scélérats dont on vou-«lait purger l'empire?» Comment a-t-il pu ajouter que «les pre-«miers qu'on y débarqua furent dans la nécessité, ou de périr par «la faim, ou de tirer leurs aliments du sein de la terre?»

Nous l'eussions toujours ignoré, si un heureux hasard ne nous eût livré la clef de cette énigme. Plusieurs cartes de différentes Chroniques, antérieures au 17ᵉ siècle, portent en mer, environ à 80 kilom. N. de *Tsong-ming,* une île *Hai-men-tao* (海門島) dont le nom *(Porte de la mer)* est le même que celui de la péninsule voisine. Or voici la note que consacrait à cette terre, vers le milieu du dernier siècle, l'éditeur des *Chroniques de T'ong-tcheou* (通州志) : «L'île de *Hai-men* est située en mer au N.-E. de la «ville de *T'ong-tcheou.* Sous la dynastie *Song* (960 à 1126) beau-«coup de coupables y furent détenus ; des colonies de soldats les «surveillaient. Cette île a depuis lors disparu dans la mer (1).»

Il n'est point douteux pour nous que ce passage mal interprété, a donné lieu dans l'esprit des missionnaires à une confusion.

VIII. SECONDE PÉRIODE : *LES CINQ MIGRATIONS* (五遷).

Nous avons décrit, dans la première partie de notre récit, la période éprouvée des *Profits et pertes;* il nous reste à faire connaître celle non moins laborieuse des *Cinq migrations*. Ici encore nous nous bornerons à traduire le chroniqueur chinois, qu'il nous sera facile de suivre à l'aide d'une carte reproduite des Chroniques. Le lecteur nous pardonnera la sécheresse de ce morceau et pourra, s'il a le courage de nous lire jusqu'au bout, conclure que rarement l'on vit ailleurs l'exemple d'une telle constance dans la lutte pour la vie.

«Soixante-dix ans après l'érection de *Tsong-ming* en district, «le Sud de la ville, battu et rongé par la marée, devenait inhabi-«table. En 1352 le chef Mongol, *Talouhoatchepali Yen,* transporta

---

(1) *Chron. de T'ong-tcheou.* Edit de 1756 ; 3ᵉ vol. pag. 12.

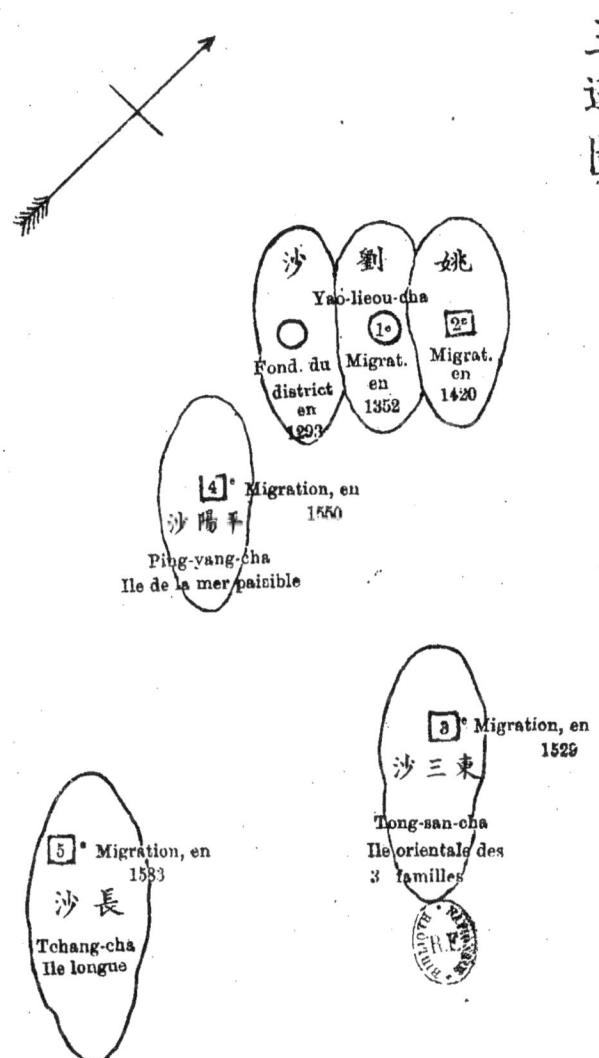

LES CINQ MIGRATIONS

Diagramme tiré des *Chroniques* de 1760.

VIII. SECONDE PÉRIODE : LES CINQ MIGRATIONS. 17

«le chef-lieu du district à 15 *li* (9 kilom.) plus au nord, sur un
«terrain nouvellement formé (1). C'est ce qu'on appela la pre-
«mière migration. L'enceinte de la nouvelle ville mesurait plus de
«neuf *li* (5400ᵐ) de tour.»

«Au début de la dynastie des *Ming* (1368), le gouverneur *Ho*
«*Yong-fou* ayant amené le peuple à la soumission, l'empereur
«*T'ai-tsou* (太祖) plein de joie écrivit les quatre caractères «*Tong-*
«*hai-yng-tcheou*» (東 海 瀛 洲 *Ile de la mer orientale*) et en fit don
«à *Tsong-ming*, qui jouit dès lors d'une grande paix. C'est de ce
«fait que lui vient l'appellation de «*Kou-yng-tcheou*» (古 瀛 洲
«*Ile antique*) (2). L'année suivante, comme l'île s'en allait à la mer
«et que ses habitants diminuaient, le district *(tcheou)* fut abaissé
«au rang de sous-préfecture *(hien* 縣). En 1375, la sous-préfecture
«étant trop éloignée de *Yang-tcheou* dont elle dépendait, fut rat-
«tachée à la préfecture de *Sou-tcheou* (蘇 州). Peu de temps
«après, le sud de la ville fut emporté par l'effort de la marée, et
«en 1420 le sous-préfet *Kao Kiu-tchen* la transporta à 10 *li* (6 kil.)
«au Nord, sur des terres récemment formées. L'enceinte de la ville
«conserva les mêmes dimensions et les murailles furent protégées
«par des fossés de 110 pieds de large. C'est la seconde migra-
«tion (3).»

«A la fin du 15ᵉ siècle, *T'ai-tsang* (太 倉) fut érigée en pré-
«fecture, avec juridiction sur *Tsong-ming* (4). Cependant la ville

---

(1) La longueur du *li* (里) est fort variable suivant les pays. Elle est égale pour toute la Chine, à 360 arcs (弓 *kong*) de 5 pieds (尺 *t'che*). Mais cette dernière mesure elle-même est diverse suivant les différentes contrées. A *Tsong-ming* où le mesurage des terres formées par l'alluvion est fréquent, la longueur traditionnelle de l'arc est 1ᵐ,72. Jadis, sous la dynastie *Ming*, l'on érigea devant le tribunal du sous-préfet, une pierre de cette dimension, qui servit de mesure étalon. (*De legali dominio practicæ notiones*, a P. Hoang. 1882). On voit ainsi que le *li* à *Tsong-ming* égale 619ᵐ,20.

Notons ici que l'unité de capacité adoptée à *Tsong-ming*, le 石 dit 崇 明 運 斛, égale à peu près 3 pieds cubes, puisqu'il mesure 125 lit., 70. Quant à l'unité de poids, appelée 折 庄 秤 à *Tsong-ming*, et 正 紗 秤 à *Hai-men*, elle équivaut respectivement à 706 gr., 60, et à 724 gr., 60.

(2) Ce nom honorifique est encore employé de nos jours, pour les adresses de lettres par exemple, tandis que celui de *Kiang-ché* (*Langue du Fleuve*) est tombé en désuétude.

(3) *Sou-tcheou* située au sud du *Kiang* est aujourd'hui chef-lieu de la province du *Kiang-sou*.

(4) *T'ai-tsang* à qui *Tsong-ming* ressortit encore de nos jours se trouve sur la rive droite du *Kiang*. Ce nouveau changement de dépendance administrative a donné lieu à une singulière méprise de la part d'un savant français. D'Escayrac de Lauture, auquel "des "circonstances malheureuses" ne permirent pas de se livrer, comme il l'eût désiré, à "l'étu- "de des atterrissements" sur les côtes de Chine, assure que le *Kiang* "n'a pas donné nais- "sance depuis plus de trois siècles à l'île de *Tsong-ming* qui est comme le rudiment de "son delta maritime." (*Mémoires sur la Chine*. Histoire, pag. 116). Nous sommes très porté à excuser l'erreur de l'écrivain français : il a cru traduire la pensée de J. Edkins qui s'était

2

«était de nouveau rongée lentement par la mer, et les navires
«marchands jetaient l'ancre dans les fossés de la ville. Il fallut
en 1529, que le sous-préfet *Tou Ki,* après avoir jeté les sorts,
«portât son prétoire à 50 *li* (30 Kilom.) de là, sur l'île de *Tong-*
«*san-cha.* C'est la 3ᵉ migration.»

«En 1550, la mer entama l'angle N.-E. de la nouvelle ville, et
«le sous-préfet *Yn Tche* ayant jeté les sorts, la transporta sur l'île
«récente de *P'ing-yang-cha* (平 洋 沙 *Banc de la mer pacifique).*
«Ce fut la 4ᵉ migration.»

«En 1553, le sous-préfet *T'ang I-tchen* construisit des murailles
«en terre auxquelles il donna 7 *li* 3 *fen* de tour (exactement 4.520
«mètres). A cette époque, les Japonais inspiraient de grandes crain-
«tes. On donna donc aux fossés dix pieds de profondeur et plus
«de cent pieds de largeur ; mais ces travaux n'ayant point empê-
«ché les Japonais de pénétrer dans la ville, deux ans plus tard,
«le gouverneur *Tcheou Jou-t'eou* adressa une requête à l'em-
«pereur, demandant 40.000 taëls du trésor public pour la con-
«struction de remparts en briques. On donna à ces murailles
«12.860 pieds de tour, 20 de hauteur et 15 d'épaisseur. Un quart
«de siècle s'était à peine écoulé (1583) que le flot ennemi, plus
«implacable que les Japonais, emportait l'angle N.-E. de la ville.
«Le sous-préfet *Ho* ayant consulté les sorts (1) détermina, pour le
«nouvel emplacement, l'île de *T'chang-cha* (長 沙 *l'île longue)* et
«dessina une enceinte de 7 *li ;* mais son successeur *Li Ta-king,*
«touché de la misère du peuple, la réduisit à 4 *li* 3 *fen* (2.662ᵐ,56).
«Ce fut la 5ᵉ migration.»

«Les murailles de cette ville, qui subsiste encore de nos jours,

---

exprimé en anglais, mais dans un sens bien différent, les trois siècles dont il parlait indiquant non point la date de la formation de *Tsong-ming,* mais celle d'une modification administrative. "The last great accretion, écrivait en 1860 le pasteur sinologue, is the island "of *Tsong-ming* in the very mouth of the *Kiang,* attached to *T'ai-tsang,* as a separate dis-"triot, only three (four?) centuries since. This island is still enlarging rapidly (?)" *(On the ancient mouths of the Yang-tse-kiang,* by the Rev. J. Edkins. Sept. 1860).

(1) Il nous faut justifier au moins par un exemple, le reproche de puérilité que nous avons infligé à certains détails des Chroniques. Voici un modèle du genre, relatif à la dernière translation de *Tsong-ming.* "Lorsque, en 1583, le sous-préfet *Ho* se rendit en barque "à *T'chang-cha (l'île longue)* pour choisir un nouvel emplacement, il remarqua que le pieu "qui servait à fixer son bateau à la rive, fut frappé de *neuf (Kieou* 九) coups, d'où il tira "le présage secret de la *longue durée (Kieou* 久) de cette île et dit tout joyeux : "C'est "*l'île longue (T'chang* 長), c'est-à-dire *de longue durée (T'chang* 長)." Puis avisant aux "environs un épais taillis, il demanda "Qui habite-là ?" — "Le nommé *Chen Pang-k'i* " (邦 畿 *l'emplacement du royaume),*" lui fut-il répondu. Et le sous-préfet de plus en "plus joyeux de répliquer : "L'emplacement du royaume ? Eh ! bien, soit, choisissons ce "lieu." C'était un présage heureux. L'on décida d'établir en cet endroit les murailles de "la nouvelle ville, et de fait voilà trois siècles qu'elle y demeure." *(Chron. de Tsong-ming.* Chap. des *Iles* 沙).

XII. L'ALLUVION.

Quant à ce fait général que les couches profondes ne sont communément composées que de sable, il s'explique, croyons-nous, par la plus grande densité de cet élément : l'argile plus légère, se précipitant moins facilement, gagne par des remous les eaux plus calmes qui dorment au-dessus des hauts-fonds.

Le caractère le plus frappant des alluvions, qui se forment dans l'estuaire du Fleuve bleu, est moins le fait de leur importance que celui de leur instabilité. Dans ces parages, la terre, née d'hier, n'est jamais sûre du lendemain, le déplacement des bancs de sable est continu et obéit aux changements incessants des courants. Ce phénomène qui existe sur tout le parcours des fleuves, se produit avec une intensité beaucoup plus grande aux approches du littoral maritime. Tandis que les puissantes marées de l'Océan soulèvent et refoulent sur les côtes les fonds vaseux, que le Fleuve descendant a déposés vers son embouchure, ce sont les vents venus du large qui déterminent la nouvelle direction des courants et l'inégale distribution des sédiments sur les différents points de la côte.

Sur un rivage où n'apparaissent que de rares écueils, c'est à la prédominance de certains vents qu'il faut attribuer en dernière analyse la formation ou la destruction des terrains nouveaux. Combinés avec les grandes marées, ce sont eux qui sont les instruments les plus actifs de l'alluvion. Une seule tempête peut, ainsi que nous l'avons vu à *Hai-men,* amonceler en quelques heures, dans le chenal qui sépare deux îles, assez de matériaux pour les souder ensemble et modifier par là-même l'action du courant principal. Ce courant, incapable désormais de contenir dans son lit, devenu trop étroit, la masse d'eau qui auparavant s'échappait en partie par une voie latérale, s'accommode à ses nouveaux besoins, en creusant un sillon plus profond au fond de son chenal, ou en s'élargissant aux dépens des rives voisines.

Aussi, en général, la création d'une plage nouvelle entraîne-t-elle par contre-coup la destruction d'une rive nouvelle. Les Chroniques du *Kiang-sou* nous fournissent plus d'une preuve de la vérité de ce principe, et les cartes anciennes qui nous ont été conservées, nous offrent des exemples curieux de cette lutte continuelle des éléments, devenue pour les riverains une question de vie ou de mort.

C'est ainsi que l'une d'elles dont nous donnons une reproduction, figure les îles nommées plus haut dans le récit des *Fastes militaires* (1). L'une de ces îles, *Nan-cha (Ile du Sud)* formée sous

---

(1) Cette carte est empruntée à la plus récente édition des *Chroniques générales du Kiang-nan.* Il est assez curieux que les graves lettrés, qui ont révisé cet ouvrage, y aient conservé, sans prévenir le lecteur contre une erreur possible, des cartes d'une ancienne édition, aujourd'hui absolument fausses. C'est ainsi, par exemple, que l'on verra avec étonnement figurer dans cette carte du 19e siècle, l'île de *Nan-cha,* celles de *Yng-tsien-cha* et de

la dynastie des *Yuen* 元 (1260 à 1367) et assez rapprochée de la rive droite du *Kiang*, pour qu'à travers le détroit, l'on entendît, «le chant des coqs et les aboiements des chiens», avait atteint, dès le milieu du 14ᵉ siècle, 80 *li* (50 kilomètres) de long, sur une largeur de plus de 10 *li* (6 kilom.). Or cette ile qui mesurait ainsi une superficie de 2 à 300 kilom. carrés, après avoir servi de siége à un mandarin militaire et de théâtre aux combats que nous avons rapportés, avait complétement disparu au commencement du 17ᵉ siècle. Onze autres iles nées aussi sous les *Yuen* (celles entre autres de *Devant les camps* et de *Derrière la ville*, qui nous sont déjà connues), avaient été également rongées par les flots vers la même époque.

La période des *Ming* 明 (1368 à 1643) ne fut pas moins fertile en accidents de ce genre : trente iles, toutes habitées, formées postérieurement à 1368, ont également disparu dans l'espace des trois siècles suivants (1).

Le cours supérieur du Fleuve nous offre de fréquents exemples de pareilles destructions. Les Chroniques de *Tsong-ming* nous apprennent que le territoire de *Tsing-kiang-hien* (靖江) situé sur la rive gauche, en amont de *T'ong-tcheou*, date d'une époque fort récente. Ce n'était d'abord qu'une île qui s'est reliée peu à peu au continent; mais cette heureuse fortune a été compensée par les désastres de la rive opposée; car à la même époque, une carte des *Chroniques de T'ai-tsang* nous fait voir sur la rive droite, en face de *Tsong-ming*, les ruines d'une ville murée, *Lieou-ho*, en train de disparaître. Des malheurs de ce genre ne sont point rares ; inutile d'en prolonger le récit. Citons pourtant encore un exemple, celui de *Koa-tcheou* (瓜州), grande ville située au Nord de *Tchen-kiang* (鎮江), récemment port considérable et grand entrepôt pour le commerce du sel, aujourd'hui disparue dans le Fleuve avec ses murailles; puis l'ancienne ville de *Ou-song*, dont le souvenir nous est conservé sur la carte.

XIII. LE MONT LOUP.

L'histoire de *Tsong-ming* ne serait point complète, si nous ne redisions brièvement celle de la péninsule de *Hai-men*, à laquelle la mère patrie n'a cessé de fournir depuis plus de deux siècles, des légions de travailleurs. Cette côte, dont le nom significatif *(Porte de la mer)*, indique la position sur la rive gauche du *Kiang*,

---

Hien-heou-châ et même au Nord, celle de *Hai-men*, tandis que celle de *T'chang-cha* paraît encore attendre la 5ᵉ migration de la sous-préfecture !

(1) *Chron. de Tsong-ming.* Chap. des *Iles* (沙). Edit. 1881.

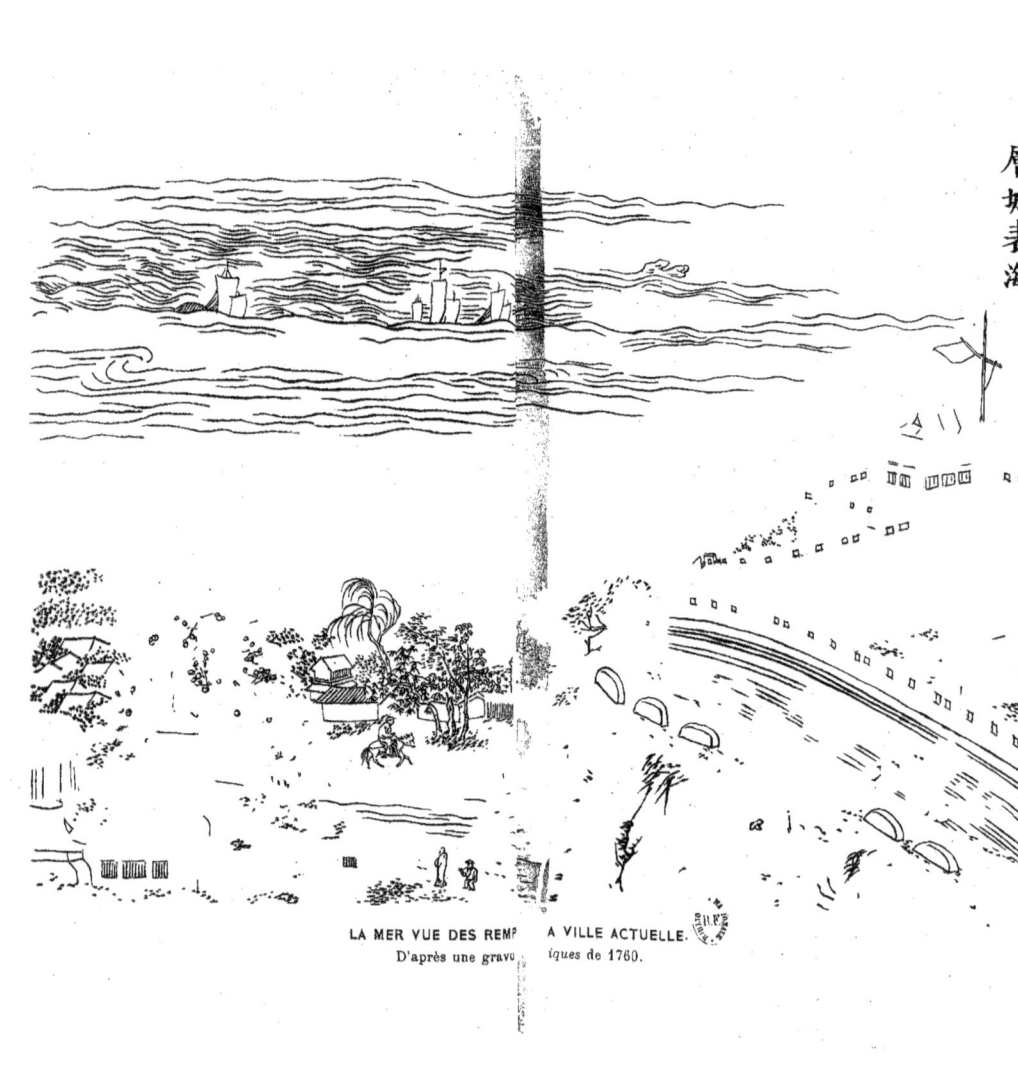

LA MER VUE DES REMP... A VILLE ACTUELLE.
D'après une gravu... iques de 1760.

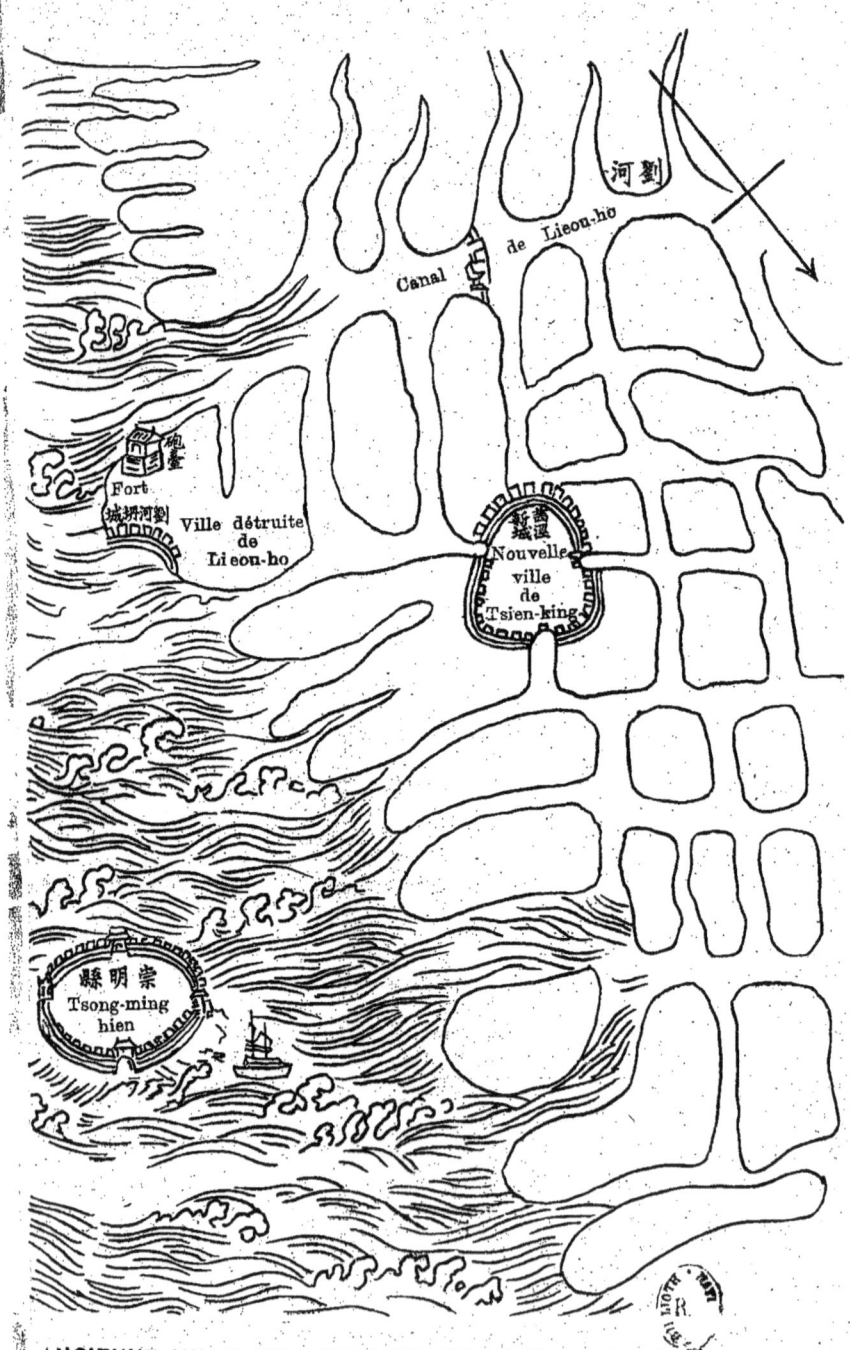

ANCIENNE VILLE DE LIEOU-HO ET NOUVELLE DE T'SIEN-KING.
D'après une carte des *Chroniques* de T'ai-tsang.

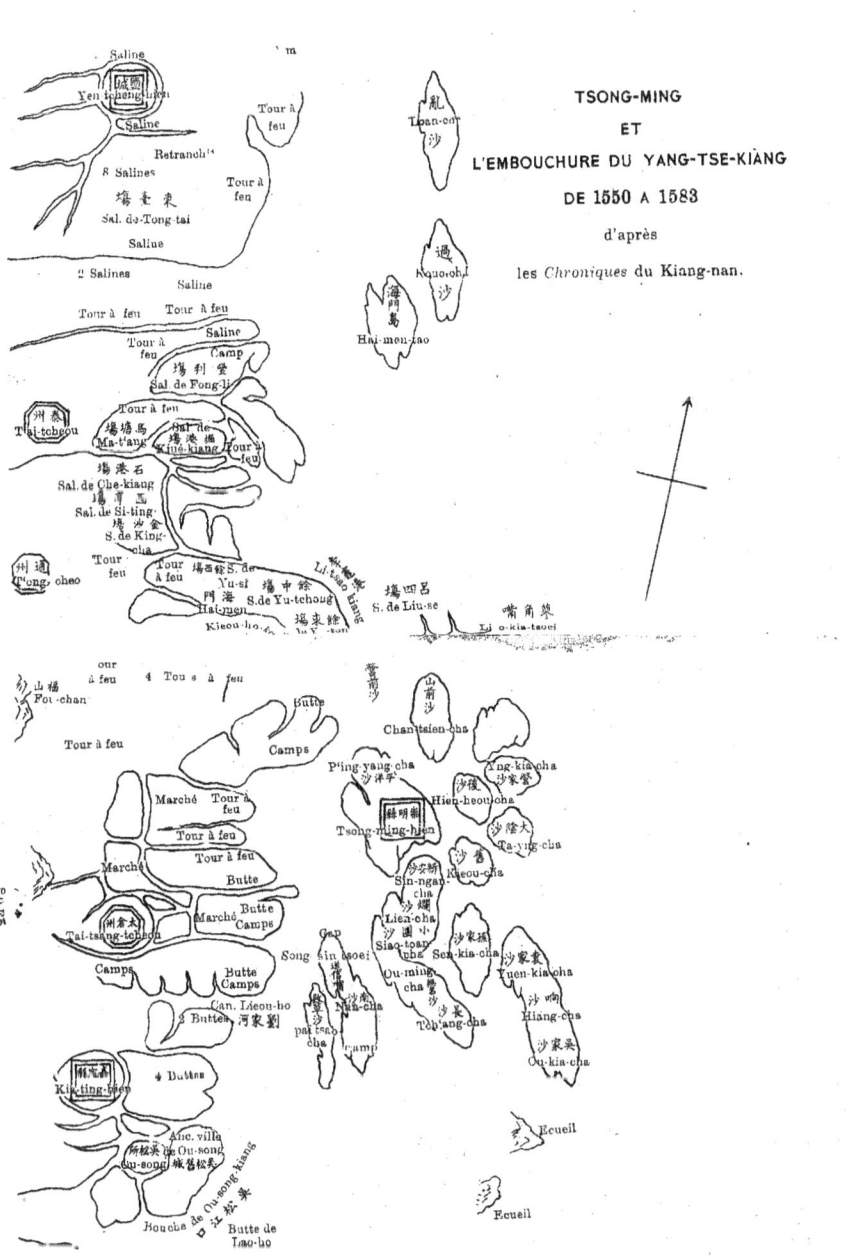

«furent percées de cinq portes pour la voie de terre, et de deux «autres pour la voie d'eau. Ces remparts mesurent 20 pieds de «hauteur et autant d'épaisseur. Ils sont environnés de fossés qui «ont 18 pas (31 mètres) de large. Commencés à la 8ᵉ Lune «(Septembre) 1586, les travaux furent terminés l'année suivante, «à la 2ᵉ Lune (1).»

Pour déplorer tant de désastres, le chroniqueur chinois, toujours sobre dans l'expression de ses sentiments, s'est borné à insérer de temps à autre dans son récit cette exclamation poétique : «Hélas ! le flot coule aujourd'hui où croissait hier le mûrier.»

IX MANDARINS ET TRIBUT.

Après les infortunes matérielles de *Tsong-ming*, ce qui nous semble le plus frappant dans le récit qui précède, c'est le soin scrupuleux avec lequel sont rapportées les diverses mutations dans la dépendance hiérarchique, c'est la citation fréquente et même fastidieuse des mandarins chargés de pourvoir aux besoins de leur peuple.

Plusieurs volumes des Chroniques sont consacrés aux magistrats qui se sont succédés depuis le 13ᵉ siècle dans le gouvernement de cette île. Leurs noms et leur patrie s'y trouvent signalés avec soin, ainsi que la date de leur promotion et le grade littéraire qu'ils peuvent avoir. Un grand nombre de notices est en outre consacré à ceux d'entre eux qui se sont distingués au service de *Tsong-ming*.

Nous l'avons dit, nos Chroniques enregistrent de 1293 à 1881, outre quelques chefs tartares de la dynastie des *Yuen,* un total de 216 gouverneurs ou sous-préfets et de 176 suppléants. La première partie de ce siècle compte à elle seule 33 sous-préfets et 33 suppléants, non compris les chefs de police et autres fonctionnaires inférieurs. C'est-à-dire qu'à une époque où l'auteur de la *Nouvelle géographie* pensait que «la population s'administrait par «elle-même, sans mandarins qui vinssent la vexer, était beaucoup «plus heureuse que celle de la terre ferme,» l'on voyait en moyenne un sous-préfet nouveau paraître tous les dix-huit mois, bonheur assurément bien digne d'être apprécié d'un cœur républicain.

Il est vrai que cet avantage est compensé par la dure obligation de « payer des impôts et de suivre des règlements. » Sans doute, et la chose n'est pas neuve, car il y a juste 600 ans que le mandarin *Sié Wen-hou* priait l'empereur de fixer le tribut. Mais

---

(1) *Chron. de Tsong-ming.* Chap. des *Mutations et des Fondations* (建 置). Edit. de 1760, 1ᵉʳ et 2ᵉ vol.

que les cœurs sensibles se rassurent : l'impôt de l'île est un des plus légers de la Chine, et son règlement qui n'est autre que le Code de la dynastie régnante est, comme partout ailleurs, une théorie peu gênante dans la pratique de la vie.

Nous dirons plus loin un mot de ces fameux règlements et de la façon toute démocratique dont ils sont appliqués ; pour le moment nous devons justifier notre allégation sur la légèreté de l'impôt. Le peuple de *Tsong-ming* ne connnaît ni la contribution personnelle et mobilière, ni celle des portes et fenêtres, il est même exempt par une faveur spéciale des droits que le fisc prélève d'ordinaire sur la fabrication du sel ; et l'impôt foncier, qui résume et comprend tous les autres, est des plus modérés.

Ce tribut qui porte uniquement sur les terres, se divise en six classes, suivant les divers degrés de stabilité du sol. Cinq d'entre elles représentent la superficie déjà émergée ; la dernière comprend les bancs de sable visibles seulement à marée basse.

Les terres de la 1ère classe se nomment 民田. Ce sont celles d'origine plus ancienne et qui sont mieux garanties contre l'érosion. Celles de la 2e classe s'appellent 止田 ; elles sont protégées par des levées contre l'irruption de la marée.

Les trois classes suivantes se nomment 一升蕩, 二升蕩, 三升蕩. Toute plage émergée produisant des roseaux est mesurée et appartient à la 1ère de ces trois catégories : trois ans après, elle passe à la seconde, puis après trois nouvelles années, elle fait partie de la troisième.

Les terrains de la 6e classe, qui sont les terres sous-marines, sont dits 五合塗. Ce nom leur vient, ainsi qu'aux trois classes précédentes, de la quantité de tribut en riz à payer pour chaque *meou* (1).

---

(1) *Chron. de Tsong-ming*. Edit de 1881. 5e vol. Il peut sembler étrange que l'on ait imposé des terres encore recouvertes par les eaux du Fleuve. Rien de plus vrai cependant et personne n'accuse le gouvernement d'une dureté excessive : au contraire. Un groupe de spéculateurs connus sous le nom de *Li-pai* (里排) *Organisateurs des sections*, a trouvé profit à monopoliser la propriété de ces terres sous-marines. Cette société, constituée depuis 5 siècles avec l'agrément de la Cour, comprend 1.100 parts ou actions, divisibles et transmissibles au gré de leurs possesseurs. Toutes les terres nouvelles qui se forment, soit sur les côtes, soit dans les eaux du Fleuve, dans les limites de la juridiction de *Tsong-ming*, appartiennent au *Li-pai*. On les mesure tous les trois ans et on les divise en 1.100 parts, que l'on tire au sort entre les porteurs des actions. Moyennant une redevance annuelle de 6 à 7 centimes par hectare, que les actionnaires assurent au trésor public, ils ont le droit exclusif de se partager ces atterrissements nouveaux. De ce chef, la Cour de *Pé-king* était censée percevoir dans ces dernières années, une somme de 16 à 17.000 francs pour les 255.000 hectares appartenant à cette catégorie. Si les hasards du Fleuve ne viennent un jour détruire l'œuvre commencée, et ruiner du même coup les espérances du *Li-pai*, cette immense possession une fois suffisamment exhaussée par les apports de chaque marée et complètement émergée, passera dans une des classes supérieures d'impôt.

Cette institution a été créée pour fixer d'une façon stable la quotité d'impôt foncier

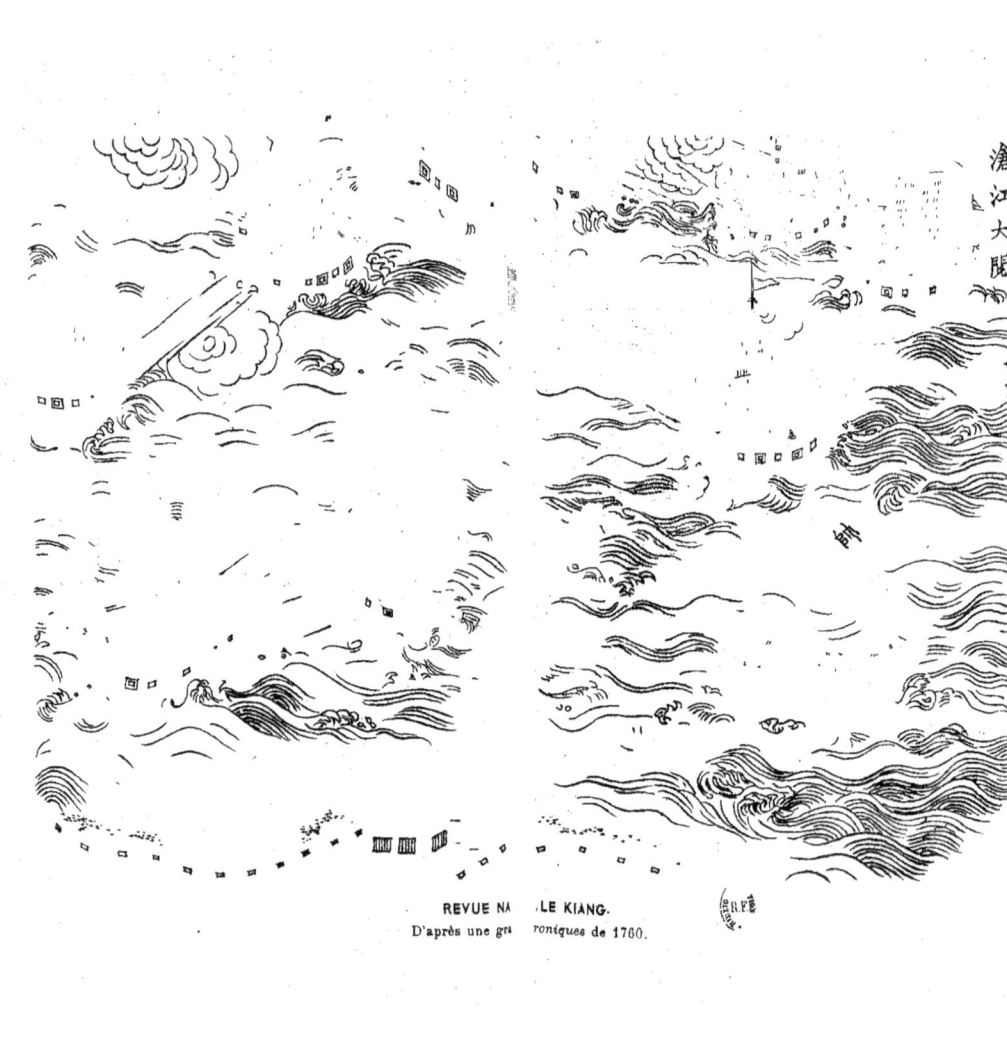

REVUE NA... LE KIANG.
D'après une gr... roniques de 1760.

Les Chroniques de 1881 attribuent aux terrains émergés une surface totale d'environ 125.000 hectares (1), dont les fonds de 1ère classe forment un peu moins de la dixième partie. Ces fonds sont taxés à la somme de 2 francs par hectare, mais l'impôt moyen des cinq classes réunies ne dépasse pas le léger revenu de 75 cent. par hectare (2). Cette somme représente un revenu annuel d'à peu près 94.000 francs (3).

Si l'on y joint les droits perçus pour le tribut des terres sous-marines, ainsi que les frais de recouvrement, l'on arrive en fin de compte à une contribution d'à peine quinze centimes par tête.... Je laisse aux lecteurs le soin de conclure.

X. LES JAPONAIS A *TSONG-MING*.

«La côte de *Tsong-ming*, nous apprend notre chroniqueur, «est fréquentée par les navires de guerre et les barques de pê-«cheurs. Dans les temps de paix, elle est un rendez-vous général «de commerce, tandis qu'en temps de guerre, elle devient un thé-«âtre de batailles.» De fait cette île a toujours été jugée par les Chinois comme une position stratégique de première importance; aussi son historien ne pouvait-il passer sous silence les hauts faits de ses défenseurs.

Il les a consignés dans un chapitre intéressant, celui des

---

minimum dûe à la Cour, dans une contrée sujette à de continuels déplacements. Le *Li-pai* serait en effet responsable du déficit qui se produirait dans l'impôt total de l'île, au cas où l'accroissement des nouvelles terres ne compenserait pas la perte des anciennes. La totalité du tribut ainsi déterminée à forfait, depuis l'année 1430, est fixée à 40.000 mesures (石) de riz blanc, soit à peu près 110.000 francs, pour les six classes imposées.

(1) Dont 78.000 pour l'île même et le reste pour la partie extrême de la presqu'île de *Hai-men*, et les îles adjacentes qui relèvent également de la juridiction de *Tsong-ming-hien*.

(2) L'unité monétaire employée officiellement pour déterminer la quotité de l'impôt est l'once d'argent (37 gr., 32) ou taël. La valeur du taël par rapport au franc est fort variable; on l'a vue monter de 5 fr., 30, jusqu'à 7 et 8 francs. Nous avons pris le cours le plus récent (5 fr., 70) comme base de notre calcul.

(3) Dans ce chiffre ne sont pas compris les frais assez considérables de perception qui vont parfois jusqu'à doubler la charge des contribuables. Les employés rétribués directement par la Cour étant trop peu nombreux pour suffire au recouvrement des impôts, les mandarins locaux sont autorisés à augmenter, dans une certaine limite, le chiffre des impôts pour faire face à ces frais *(De legali dominio. De tributo imperiali.* NN. 41, 44, 57). Même en supposant que ces taxes additionnelles doublent la somme des contributions et la portent à 220.000 francs, ce qui est une hypothèse extrême, on voit que le tribut imposé à la sous-préfecture de Tsong-ming est une charge encore assez légère pour une population qui compte plus de seize cent mille âmes.

Fastes militaires (兵事) que nous allons reproduire. Ce récit suffirait à lui seul, même à défaut des registres de famille, pour établir l'unité de race des colons Tsongminois, et pour faire rejeter la fable de ces «pirates japonais dont les descendants seraient «devenus de pacifiques agriculteurs.»

Ce chapitre fait remonter au 14ᵉ siècle la première apparition des Japonais sur la côte de *Tsong-ming*. Voici le résumé complet de ces bulletins militaires :

«En 1369, 4ᵉ Lune, venue des Japonais. *Wong Te* leur offre «le combat sur la côte de *Hai-men;* quelques centaines sont tués, «noyés ou faits prisonniers. Les Japonais terrifiés se retirent. — «L'année suivante, à l'automne, ils arrivent à l'improviste, pillent «quelques habitations et disparaissent sans bruit. — En 1416, 5ᵉ «Lune, ils reviennent, s'emparent de la ville sans défense, incen-«dient le tribunal et font plus de 300 prisonniers. Le surlende-«main, un corps de mille soldats, auquel se joignent des paysans «armés, les taille en pièces. Les pirates disparaissent. — En 1551 «les Japonais reparaissent. *Wang Yng-ling* les défait. — En 1552, «à l'automne, une centaine se présentent; les uns s'enfuient, on «s'empare des autres et de leurs barques. — En 1553, 4ᵉ Lune, «les Japonais, appelés par un révolté chinois, arrivent en grand «nombre et s'emparent de *Nan-cha* (南沙 *l'île du sud).* Un vieil-«lard du nom de *Che Ting* se met à la tête des combattants et «meurt dans l'action. A la 11ᵉ Lune, les Japonais reviennent sur «la même île, à la suite de *Siao Hien*, révolté du *Tché-kiang;* les «troupes chinoises se replient sur la ville. A la 12ᵉ, elles reçoi-«vent des renforts du dehors. Leur chef *T'ang Ko-koan* s'engage «dans une embuscade où plus de mille hommes périssent, mais «l'assesseur *Yen Hoan* relève les courages et inflige à l'ennemi «défaites sur défaites. — En 1554, le 10 de la 4ᵉ Lune, les Japo-«nais s'emparent de plusieurs îles. Le 3 de la 5ᵉ Lune, ils atta-«quent la porte de l'Est. Le chef *Tien Kieou-tcheou* coupe beau-«coup de têtes à l'ennemi. Le 7, à la faveur de la nuit, ils atta-«quent la herse du N.-E. et pénètrent dans la ville. Le sous-pré-«fet *T'ang I-tchen*, armé d'un poignard, frappe à mort plusieurs «de ces brigands; ceux-ci s'enfuient, mais le héros succombe à «ses blessures. Le 9, ils rentrent en grand nombre, s'emparent «du prétoire et l'incendient, ainsi que les maisons voisines. La «population venge son mandarin, et tue 200 hommes à l'ennemi «qui s'enfuit. — En 1555, 4ᵉ Lune, les Japonais débarquent à «*P'ing-yang-cha* (平洋沙 *Banc de la mer pacifique);* le 21, ils «attaquent la ville par la porte de l'Est et s'en rendent maîtres, «mais ils sont ensuite repoussés et s'enfuient. Le 8 de la 5ᵉ Lune, «ils mettent à feu l'île de *Nan-cha* et plusieurs autres dont ils «emportent les dépouilles. — En 1557, ils descendent sur l'île de «*Yng-tsien-cha* (管前沙 *Devant les camps).* Ils sont cernés et «beaucoup sont décapités; les autres fuient la nuit. — En 1556,

D'après une gravures de 1760.

«le 9 de la 4ᵉ Lune, plus de mille Japonais s'emparent de *Tong-*
«*san-cha* (東 三 沙), qu'ils commencent à livrer au pillage et au
«meurtre. Les troupes régulières coulent trois de leurs vaisseaux
«et coupent 258 têtes. A la 6ᵉ Lune, un conseil de guerre décide
«l'attaque; les troupes donnent avec entrain et font un grand nom-
«bre de prisonniers parmi les Japonais; douze cents hommes que
«ceux-ci retenaient captifs sont délivrés par les vainqueurs. Les
«brigands s'embusquant dans les hautes herbes, font à leur tour
«périr un grand nombre de Chinois. Bientôt réduits aux abois, le
«7 de la 7ᵉ Lune, ils s'enfuient vers *Lieou-ho* (劉 河 port sur la
«rive droite du Fleuve). Repoussés, ils reviennent à *Tong-san-cha;*
«un bras de mer seulement les sépare de la ville. *Fan Sin,* le
«nouveau sous-préfet, gagne son poste au péril de sa vie et con-
«sole son peuple. A la 8ᵉ Lune, les Japonais en déroute sont bat-
«tus à la pointe *Liao-kia-tsuei* (廖 家 嘴. D'autres écrivent 料 角
«嘴). — En 1565, 4ᵉ Lune, ils s'emparent de l'île *Hien-heou-cha*
«(縣 後 沙 *Derrière la ville);* on coule leurs barques. Plus de cent
«prisonniers sont conduits à *Nan-cha* où on leur coupe la tête. —
«En 1569, descente des Japonais; on en décapite douze; les au-
«tres se retirent. — Ils reviennent en 1570. Les barques de police
«leur tuent 10 hommes. Ils s'enfuient (1).»

Les récits brefs et précis du Tacite chinois, la simplicité
de son style, et l'aveu même des défaites éprouvées par ses compatriotes, inspire la confiance qu'il n'a pu ni voulu tromper des
lecteurs contemporains (2), dont la plupart avaient été témoins des
événements qu'il rapporte.

Les timides apparitions des 14ᵉ et 15ᵉ siècles et leur prompte
répression ne laissèrent aux pirates aucune chance d'établissement
sur l'île. A cette même date, en effet, les recensements officiels
des Chroniques accusent pour *Tsong-ming* une population de 86 à
87.000 habitants (en 1391 et 1440). A supposer même qu'alors,
quelques-uns de ces étrangers se fussent attardés sur l'île, il est
absolument invraisemblable qu'ils eussent imposé aux Chinois une

---

(1) La carte que nous donnerons bientôt permettra de suivre facilement tout ce qui précède. — Les Chroniques ne signalent aucune autre incursion des Japonais postérieure à 1570, sous le titre des *Fastes militaires*. Nous trouvons seulement à l'article de la *Population* (戶 口) cette brève mention, rapportée à l'année 1658: «population 27.000 «familles. Cette diminution est due à ce que, vers cette époque, des pirates vinrent par «trois fois des îles de la mer et mirent le peuple en fuite.» En 1647, le chiffre des Chroniques indiquait 73.000 familles! — La diminution dont il s'agit doit plutôt, suivant nous, être attribuée au désarroi que causa une courte apparition de l'ennemi, dans le bureau officiel des recensements. Il serait en effet bien extraordinaire que les anciens missionnaires qui étaient dans l'île depuis vingt ans, n'eussent rien dit d'une telle catastrophe, si elle eût eu en effet la gravité que lui prête le chroniqueur.

(2) Les deux éditions des chroniques de 1444 et de 1561 suivirent en effet de très près les principaux événements de cette lutte.

telle alliance, à laquelle les mœurs de ces derniers, leur langage, le désir de la vengeance et le sentiment de l'orgueil national les eussent rendus si réfractaires. L'on n'eût même pas permis à ces rares intrus de vivre solitaires dans quelque coin de l'île.

Les faits plus graves du 16ᵉ siècle ne justifient pas davantage l'hypothèse d'une fusion entre les deux peuples. A la même époque, *T'ong-tcheou* et *Hai-men* au Nord du Fleuve, *Song-kiang* (松 江) et *Ou-song* (吳 枀) au Sud, se voyaient aussi investis et dévastés par les troupes Japonaises. En conclura-t-on que les Japonais s'unirent aux habitants de ces contrées? Mais il est un argument sans réplique : plus vous rapprocherez, dirons-nous, la date de cette fusion, et plus vous la démontrerez impossible. Nous en voulons pour preuves, l'unité parfaite de langage et de mœurs qui caractérise sans exception toute la colonie de *Tsong-ming*, unité qui n'aurait pu s'opérer dans un laps de temps si peu considérable ; puis le silence gardé sur cette intéressante question par les missionnaires qui habitaient *Tsong-ming* dès le siècle suivant (1638) ; et encore l'inscription ancienne de tous les Tsongminois sur les Registres de famille, et enfin jusqu'aux sentiments traditionnels de haine et de vengeance que les insulaires transmettent à leurs descendants contre ces «brigands» étrangers dont leurs ancêtres ont eu tant à souffrir.

L'on montre en plusieurs endroits de l'île des tertres que l'on dit être les tombeaux des Japonais vaincus ; c'est tout ce qui reste dans l'île des pirates de M. Reclus (1).

XI. LE DIALECTE DE *TSONG-MING*.

Nous venons de signaler en note une des singularités du langage Tsongminois ; ce dialecte parfaitement caractérisé mérite que nous lui consacrions un chapitre spécial.

---

(1) Quelque rapprochement d'ethnologie ou de linguistique a-t-il servi de base à la conjecture reproduite par cet auteur comme une vérité démontrée ? Nous l'ignorons ; mais la race de *Tsong-ming*, quoiqu'elle diffère légèrement du type de *Chang-hai*, n'a rien qui puisse faire admettre le mélange du sang chinois avec celui d'une autre nation. L'on conçoit que l'influence d'une sélection exercée pendant des siècles entre individus d'une même provenance, ainsi que les conditions climatériques, celles de l'habitat, enfin les durs labeurs de ces défricheurs des «sables», aient pu développer en eux des traits et des énergies que l'on ne retrouve plus dans la race amollie de *Chang-hai*.

Quant à la langue, ses particularités les plus remarquables, dont plusieurs auraient pu, il est vrai, dénoter aussi bien une origine japonaise (par exemple la substitution du son *Shi* à *Si*) prouvent seulement l'influence d'un dialecte ancien, dont les formules et les sons eux-mêmes se retrouvent ailleurs en Chine, notamment dans certaines régions du langage mandarin.

Une excellente étude sur les dialectes comparés du *Kiang-nan* inférieur, dûe à la plume du Rév. Père Rabouin, nous fournira les principaux éléments du présent travail (1); nous ne ferons guère que la résumer, en y ajoutant quelques remarques sur les affinités de ce langage avec le mandarin et la langue ancienne, et quelques inductions sur ses origines.

Chacun sait quelle influence la littérature a exercée en Chine sur l'unité politique de cet immense empire. C'est grâce au culte que les habitants des «dix-huit provinces» ont voué aux mêmes livres classiques et à leurs auteurs, c'est grâce à la communauté des méthodes employées dans l'enseignement, grâce enfin à l'identité des concours littéraires, pratiqués depuis des siècles d'un bout à l'autre de l'empire, plus encore qu'à raison d'une lointaine communauté d'origine, que la Chine, malgré tant de secousses et de causes de division, est restée une dans ses mœurs et son gouvernement.

La langue chinoise écrite, ou mieux la langue littéraire (2) est donc parfaitement et partout homogène. Mais on n'en peut dire autant de la langue parlée, dont les nombreuses variétés peuvent être, par analogie et faute d'une expression plus exacte, appelées dialectes.

Dans un pays comme la Chine, où le langage emprunte presque tous ses éléments à la littérature écrite, sans cependant lui rester identique, il est clair que deux facteurs surtout peuvent diversifier les différentes formes de la parole ou dialectes : la prononciation d'une part, et de l'autre l'adoption privilégiée ou la combinaison spéciale de certains caractères ou mots monosyllabiques (字 *Tse*) empruntés à la langue écrite.

Ce sont ces deux points que nous examinerons rapidement à propos du dialecte de *Tsong-ming* (3).

1. Prononciation.

a) L'un des traits les plus caractéristiques du dialecte de *Tsong-ming* est la disparition de l'*u*. Tantôt elle a lieu par voie de simple suppression, comme dans les mots mandarins *liu* (驢), *niu* (女), etc., prononcés *lu, gnu*... à *Chang-hai* et *li, gni*... à

---

(1) Cette étude intitulée *Petite grammaire des dialectes de Song-kiang, Chang-hai, etc., comparés au mandarin*, a été autographiée en 1878 à l'imprimerie de *Tou-sè-wè;* elle servait d'introduction au *Dictionnaire Français-Chinois* du même auteur.

(2) L'expression «langue écrite» est peu exacte : elle donnerait lieu en effet de penser que la langue parlée ne peut être représentée au moyen de l'écriture; il n'en est rien ; seulement l'horreur instinctive qu'éprouve tout Chinois pour écrire *comme il parle*, et l'absence presque complète de monuments de ce genre, justifie suffisamment l'appellation communément reçue de «langue écrite» pour désigner le «style littéraire.»

(3) Les colons Haiménois ont conservé sans l'altérer, la langue de leurs ancêtres; on en peut dire autant d'autres populations émigrées sur la rive droite du Fleuve et dont nous parlerons plus loin.

Tsong-ming. Tantôt par voie de remplacement ; c'est ainsi que *yu* (育), *kiu* (局), etc., deviendront *yo, ghio,* à *Tsong-ming,* comme à *Chang-hai ;* que les sons mandarins *suei* (隨), *tsuei* (罪), etc., qui deviennent à *Chang-hai, zu* ou *zuei,* se prononcent *dzé* à *Tsong-ming.* De la même façon les sons *chou* (樹, 書), *tchou* (主) et semblables, qui deviennent *zu, su, tsu* à *Chang-hai,* se changent à *Tsong-ming* en *ze, se, tse.* Pour clore cette série, je noterai une anomalie qui rappelle la prononciation ancienne, ainsi que celle de plusieurs localités de la côte S.-E. ; le mot *yu* (魚 poisson) se prononce *ngé* à *Tsong-ming.*

Il est à remarquer que si la voyelle *u* manque au vocabulaire japonais, elle faisait également défaut à l'ancien chinois, comme elle manque aujourd'hui encore à plusieurs dialectes (1).

b) Un second trait de ressemblance avec le japonais consiste dans le remplacement du son *si* (西) et de ses composés, *sin* (心), *siao* (小), *siang* (相), etc., par *shi* (ou *hi*), *shin, shiao, shiang*.... Plusieurs places septentrionales de langue mandarine, des régions du centre et des dialectes du midi, sont soumises à la même loi. J'en dirai autant du son *tsi* (集) et de ses composés *tsien* (錢), *tsiang* (將), etc., qui se prononcent *k'i, k'ié, k'iang*... ou *ghi, ghié, ghiang*... Le son *zi* (徐) de *Chang-hai* et ses composés, bien que les analogues de sons mandarins ayant d'autres initiales que *ts,* subissent la même tansformation.

Si la langue dite ancienne de la Chine n'a peut-être pas répudié les sons que nous venons d'énumérer, du moins l'on peut constater qu'aujourd'hui un bon nombre de localités mandarines, aussi bien que des régions à dialectes, du Nord au Sud de la Chine, pratiquent précisément les substitutions qui se rencontrent à *Tsong-ming.*

c) Notons encore que l'emploi du *dz* initial, si fréquent dans le syllabaire ancien, se retrouve dans le langage Tsongminois. Nous avons déjà nommé *dzé* (罪) ; on dit également *dzeng* (陳), *dzong* (崇), *dzang* (長), *dzai* (財), etc.

d) Si, aux remarques qui précèdent, on ajoute que l'*h* initiale s'aspire presque comme en mandarin, par ex. dans les sons *ha, ho,* etc., que plusieurs terminaisons mandarines en *an* se convertissent en *eu* (v. g. 船 *dzeu,* 難 *neu*), que d'autres en *ouo* se changent en *oé* (v. g. 國 *koé,* 惑 *wé*), l'on aura l'ensemble des traits qui s'écartent en tout ou en partie de la prononciation de *Chang-hai.*

e) Quant à cette dernière, nous nous bornerons à citer en note le tableau dressé par le P. Rabouin dans l'ouvrage précité (pag. VII.). Un simple coup-d'œil jeté sur ce tableau prouvera que si

---

(1) Pour les renvois faits aux sons anciens, au mandarin et aux différents dialectes, cf. *Syllabic Dictionary* de Wells Williams (sub old sound, *passim*), ainsi que les *Colloquial Series* de Th. Wade.

XI. LE DIALECTE DE TSONG-MING.

d'une part, le syllabaire du bas *Kiang-nan* s'est appauvri en sacrifiant les consonnes initiales *Ch, G* et *Tch,* de l'autre il s'est notablement enrichi en admettant les douces, *B, D, G* ainsi que la sifflante *Z,* qui manquent au mandarin, et en multipliant les voyelles et diphthongues finales (1).

f) Enfin si nous cherchons les points de rapprochement entre la prononciation actuelle de *Tsong-ming* et les sons anciens, outre les faits signalés plus haut, particuliers à cette île, nous devons signaler le suivant, qui lui est commun avec la région de Chang-hai : les consonnes initiales, qu'adoptent ou rejettent les syllabaires anciens et celui de Tsong-ming, sont identiques, et accusent une similitude beaucoup plus grande entre ces deux idio-

---

(1) Tableau présentant les différences les plus habituelles entre le mandarin et le dialecte de *Chang-hai.*

LETTRES INITIALES.

Mandarin.	Chang-hai.				Mandarin.	Chang-hai.	
Ch.	S.	H.	Z.	Ts.	Ni.	Gni. G.	
F.	F.	V.	W.		P.P'.	P.P'.B.	
H.	H.	H.	W.	V. [quelquefois	S.	S.Z.	
J.	Z.	Gni.	Gn.	supprimée.]	T.T'.	T.T'.D.	
K.K'.	K.	K'.	G.	Gh.	Tch.Tch'.	Ts.Ts'.Z.(Dz.)	
L.M.	L.	M.			Ts.Ts'.	Ts.Ts'.Z.(Dz.)	
N.	N.				W.	V.W.Ng.H.	[primé.]
Ng.	Ng.	Y.	H. souvent supprimée.		Y.	Y.Gn.Ng.	[quelquefois sup-

LETTRES FINALES.

Mandarin.	Chang-hai.	Mandarin.	Chang-hai.
A.	A.O.Ouo.	Eao.	Eao.
A. (bref)	A.È.(bref)	Ei.	Ei.
Ai.	Ai.A.	En.	Eng.
Au.	En.É.È.	Eou.	Eu.
Ang.	Ang.Aong.Oang.	Eul.	Eul.Gni.
Ao.	Ao.	Y.	J.Yi.
E.	E.É.A.J.Eu.	I. (bref)	Ie.Ié.I.Yé.Iò.U.(brefs)
E. (bref)	E.É.(brefs)	Ia.	Ia.A.È.Ié.
È.	Ouo.É.E.A.	Iai.	Ia.A.Iai.
É. (bref)	É.E.È.A.O.(brefs)O.Eu.		

La combinaison de ces divers éléments, suivant un autre tableau détaillé qu'en a fait le même auteur en tenant compte des aspirations, mais non point des accents (Op. cit. pag. 1-35) donne pour le dialecte de *Chang-hai* un total de 546 sons syllabiques différents, tandis que la langue mandarine en possède moins de 450, plus quelques variantes. V. *Cursus litterat. sin.* P. Zottoli, vol. I. Tabula sonorum, pag. 11-17). Il est vrai que, même à ce compte, nous sommes encore loin de la richesse que présenterait l'ancienne langue chinoise: celle-ci en effet, si l'on doit en croire les recherches du Rév. Jos. Edkins, consignées dans le Dictionnaire de W. Williams, ne contiendrait pas moins de 860 sons différents.

mes, que celle qui existe entre les mêmes sons anciens et le langage mandarin actuel (1).

g) Il resterait à établir une autre comparaison entre les sons finaux, et ici, il faut convenir que si nous devions regarder comme avérées les indications de W. Williams sur les consonnes finales dans la langue ancienne, la prononciation de nos insulaires s'écarterait notablement, à ce point de vue, de celle de leurs devanciers. Ils n'ont en effet aujourd'hui d'autre consonnes finales que celles du mandarin, *n* et *ng*, tandis que les lettres *m, k, p, t* sont en outre indiquées comme terminant les syllabes anciennes. Mais cette terminaison fût-elle parfaitement établie (2), rien ne prouve que ces sons aient été jadis d'un usage général en Chine, et qu'ils n'aient point été empruntés aux régions du Sud-est de préférence à ceux d'autres pays, comme facilitant davantage la translittération du sanscrit en chinois; encore moins prouverait-on par là que les lointains ancêtres des colons Tsongminois ont connu ces formes que leurs descendants auraient ensuite abandonnées.

2. Locutions.

Ici nous serons brefs. Après avoir dit qu'en général la construction de la phrase et les locutions sont les mêmes qu'à Changhai, nous noterons les principales exceptions, en les groupant sous quelques chefs communs (3).

a) Pronoms. *Ngou* (我), ou *ze-ngou* (自我), moi. *Ngou-li* (我伲), nous. — *N* (爾) ou *ze-ngou* (自爾), toi. *N-te* (爾得) ou *ze-n-te* (自爾得), vous. — *I* (伊) ou *ze-i* (自伊), lui. *I-te (to)* (伊得), eux. — Les adjectifs possessifs se forment de ces expressions par l'addition du *ke* (個), au lieu du *ti* (的) mandarin, comme à Changhai. — Le pronom *ki (ghi)* (其) est employé dans les expressions suivantes: *ze-ki, ze-ki-ke* (實其, 實其個), de cette sorte; *ki-ke* (其個), cet; *ki-tse* (其此) ceci, de cette sorte; *ha* (哈), quelque chose, quel? quoi?

b) Particules conjonctives et adverbiales. *O (ao)* 勿 est employé couramment, avec le même sens prohibitif que dans le style. — *Ven* (contraction pour *vé-gnen* 勿 曾) signifie pas encore. — *M-te* (無得), il n'y a pas. — *La (lo)-pô* (那怕), quand bien même. — *Mo-fi (fè)* (莫非), de peur que. — *Vè* (否), particule interroga-

---

(1) Cette remarque a été faite depuis longtemps en ces termes par le Rév. J. Edkins: «The pronunciation of the old middle dialect, as still spoken in Hangchau (杭州), Su-«chau (蘇州) and the adjoining region, furnishes the initials.» (Apud W. Williams, pag. XXIX.)

(2) «It is hopeless, *observe à ce sujet le même auteur*, probably, to try to restore exactly «the sounds as they were used by the compilers of the Kwang-yun (廣韻)........ Perhaps «when... all the lost consonants (have been) restored, it may be possible to carry this in-«quiry farther, and restore the language to the form it had when the phonetic characters «were made.» (Ib. pag. XXX et XXXI.)

(3) V. Op. cit. P. Rabouin, pp. 42 seqq.

tive finale, souvent complétée par un a (呃) initial. — *Ha-lao* (哈咾), pourquoi? quoi? — *Lé-kiong* (垃壋), *kong-hao* (壋下), Ici, — *Lé-kaong* (垃壋), *kaong-ho* : là. — *Lé-te-kaong* ou *lé-te-daong* (垃得壋, 垃得蕩), après le nom : chez. — *Lé-te* (垃得), avant le nom : chez ; ou être présent, ou être en train de. Dans ce dernier sens, l'expression *lé-la* (垃拉) de *Chang-hai* n'est jamais employée. *Lé-te* peut se placer après le verbe quand celui-ci n'a pas de régime. — *Vè-zeu-kié* (勿然見), sinon. — *I-li* (一裡), *I-lao-li* (一咾裡), jusqu'ici, toujours. — *Tseu-kao (hao)* (轉叫下), *leun-taong* (論倘), quelquefois. — *T'ai-sang* (胎生), naturellement, évidemment. — *Zai-ngè* (在眼), maintenant ; etc. — *A-tse* (挨子), fois. — *Dzang* (常), encore. — *M-tse-kou* (無止過), marque de superlatif. — *Da-ya* (大約), probablement. — *T'sé-hiang-deu-li* (猝向頭裡), subitement. — *Neu-te* (難得), rarement. — *Mé* (萬), ou *gné* (念), à la fin d'une phrase, affirme avec énergie ; etc, etc.

c) Préfixes et suffixes des verbes. Outre l'expression *lé-te* déjà indiquée, notons *m-tse* (無處), employé avant les verbes pour marquer l'impossibilité ; *yeu-tse* (有處) pour marquer la possibilité. — Le passé ne s'indique pas au moyen de *la* (拉) ou *la-tsai* (垃哉) de *Chang-hai*, mais par une des suffixes *hou* (過), *hou-tsai* (過哉), *hié* (歇), *kou-ke-tsai* (過个哉). Au lieu de *la-ke* (拉个), le participe passé ou la phrase incidente est formée par *kou-ke* (過个).

d) Locutions particulières. Sous ce titre, le R. P. Rabouin a distribué en 40 numéros les expressions les plus communément employées (1). Inutile de prolonger les citations. Ajoutons seulement que les *Chroniques de Tsong-ming* ont consacré un chapitre spécial (2) à ces particularités du langage ; mais cette nomenclature, qui ne renferme en tout que 45 expressions, laisse dans l'oubli les remarques les plus essentielles au point de vue philologique, pour ne relever que des emplois particuliers d'expressions souvent usitées ailleurs ; telles sont, par exemple, celles de 江南, 老大 (batelier), 爹 (père), 爺娘 (parents), 点心 (goûter), 中飯 (diner), etc.

Il est temps de conclure : l'examen que nous avons fait d'un certain nombre de registres généalogiques, pris au hasard chez la population tsongminoise, nous a démontré que la presque totalité de nos insulaires est originaire de *Kiu-yong*.

Les rares familles venues d'autres districts du continent ne forment qu'une infime minorité, dont l'influence paraît avoir été nulle sur la formation ou la déformation du dialecte local. Nous sommes donc en face d'un peuple, homogène d'origine, séparé du reste des humains, de mœurs simples et primitives. On le com-

---

(1) *Op. cit.* pag. 44-48.
(2) Ce chapitre a pour titre *Fang-ien* (方言) ou Dialecte local.

prend, de telles conditions ont pu et dû exercer sur le langage un remarquable effet de conservation. Aucune autre région du littoral ne présente, croyons-nous, de pareilles garanties, et nous pensons, pour ces raisons, que le dialecte de *Tsong-ming* doit refléter mieux que d'autres, une des anciennes formes du langage chinois.

XII. L'ALLUVION.

Le mot *Cha* (沙) appliqué à toutes les îles de cette côte, signifie sable et désigne la matière la plus ordinaire de l'alluvion. Parfois ce sable est sans aucun mélange d'argile; le long des berges écroulées, j'en ai vu, au milieu de substances plus mélangées, des dépôts d'un beau gris à éclat métallique. Les bancs de glaise eux-mêmes, qui alternent en plusieurs endroits avec les couches sablonneuses, contiennent d'ordinaire une certaine quantité de sable. C'est dans ces sortes de terrain que l'on peut plus facilement se rendre compte de l'activité de l'alluvion et en apprécier les progrès.

Chaque marée montante et descendante fournit au temps de la station un nouveau dépôt qui se distingue de la couche précédente. A la base de ces strates, on voit le sable, plus grossier et plus lourd qui s'est tout d'abord précipité et que couronne une couche de limon. Même après plusieurs siècles cette stratification reste très visible et je l'ai souvent constatée dans les pelletées que les longues bêches des indigènes rapportent du sein de la terre, lorsqu'ils creusent les fossés d'enceinte d'une nouvelle habitation. Ces couches feuilletées, que la dessication sépare bientôt au contact de l'air, sont fort variables d'épaisseur; les plus fines atteignent un millimètre à peine, les plus puissantes ont plusieurs centimètres. Je crois qu'en général la couche moyenne déposée sur les bords du Fleuve, est d'environ un centimètre par marée, dans les parages où l'alluvion est active. Dans ces conditions, la hauteur de l'exhaussement serait donc de 4 centimètres par jour.

Il serait difficile d'assigner la cause de l'inégale répartition du sable et l'argile. Ces éléments varient, non seulement par quartiers, mais aussi quelquefois dans des espaces très restreints où ils se distinguent nettement. La nature des roches d'origine et les crues alternatives des puissants affluents du Fleuve bleu, expliquent probablement cette diversité de constitution dans les atterrissements. *L'année géographique* (année 1878, pag. 484 et suiv.) a donné sur les inondations du *Yang-tse-kiang*, et sur les diverses colorations de ses eaux, des observations qui confirment notre hypothèse.

a un développement de cent kilomètres de l'Est à l'Ouest, sur une profondeur moyenne de 18 kilom. du Nord au Sud. Une carte que nous mettons sous les yeux du lecteur montrera les limites actuelles du territoire de Hai-men, et nous permettra d'embrasser d'un coup-d'œil l'histoire de ses vicissitudes ; car elle a compté, elle aussi, ses migrations et ses épreuves (1).

Cherchez au Sud de la préfecture de T'ong-tcheou, dont il est éloigné de 12 kilom. environ, Lang-chan (狼 山) ou le Mont-Loup. Ce pic rocheux occupe le centre d'un système de cinq collines, rangées en demi-cercle, à quelque distance de la rive du Kiang, sur une corde orientée, comme le Fleuve lui-même, de l'O.-N.-O à l'E.-S.-E. Le Mont-Loup doit à ses riches pagodes et à son ancienne célébrité parmi les dévots de Bouddha, d'être plus connu que les hauteurs voisines. C'est par milliers qu'à certains jours, on compte les pélerins qui se rendent à ses sanctuaires ; un grand nombre de ces voyageurs ont fait à pied plusieurs centaines de li pour se rendre au temple en renom ; dans un petit sac jaune, livrée du pélerin, qui repose sur leur poitrine, ils apportent des bâtonnets d'encens qu'ils brûleront devant le dieu de leur choix, et quelque aumône qu'ils laisseront aux bonzes.

Or le Mont-Loup qui attire depuis des siècles les dévots de lointaines contrées, forme à l'Ouest la limite du territoire Haiménois, et a lui-même participé aux mutations qui ont marqué toute cette côte. Voici comment le chroniqueur de 1756 a décrit les péripéties de la montagne sainte : «Avant le 7ᵉ siècle, Lang-«chan était au milieu des grandes eaux. Au commencement des «Song (宋, 960) l'alluvion avait formé au Sud de la montagne plus «de 10 li (6 kilom.) d'excellentes terres ; aussi les appela-t-on «Pé-mi-tchoang (白 米 莊) Domaine du riz blanc. Sous les dynas-«ties Yuen et Ming (1260 à 1643) ces terres furent emportées par «le Kiang. Enfin sous le règne de K'ang-hi (康 熙. 1662 à 1723) «l'alluvion recommença à former des terrains qui sont maintenant «d'un excellent rapport (2).» De fait actuellement encore, le Mont-Loup que nous avons plus d'une fois visité, est séparé du Fleuve par une langue de terre qui le borde et mesure 4 kilom. de largeur.

Mais n'eussions-nous trouvé aucun souvenir écrit attestant les changements dont Lang-chan occupait le centre, nous en lirions du moins une partie tracée sur ses flancs par le flot destructeur. Autrefois lorsque les vagues de l'Océan venaient baigner de toutes

---

(1) Trois éditions des Chroniques de T'ong-tcheou (1577,1675 et 1756) qui sont en notre possession et par lesquelles ont été conservées les anciennes relations et les vieilles cartes de Hai-men, nous ont permis de reconstruire ces étapes successives de la côte Nord du Yang-tse Kiang.

(2) Chron. de T'ong-tcheou. Edit. de 1756, 3ᵉ Vol. pag. 3.

parts les pentes de la colline, les lames venues de la grande mer et déchaînées par les vents du N.-E. ont pendant de longs siècles battu sa paroi de pierre qu'ils ont taillée à pic. Le *Mont-Loup* présente au voyageur qui arrive de *T'ong-tcheou* sa muraille droite comme une falaise, qui se dresse à 80 mètres au-dessus du sol. Au bas de la montagne, des grottes abritent quelques temples, tandis qu'au faîte de la roche, un bouquet de sombres pins protège contre les vents du Nord, les constructions qui s'étagent sur la face opposée, depuis le sommet couronné d'une tour, jusqu'au bas de la déclivité.

La colline voisine rappelle le même phénomène, mais d'une façon plus grandiose encore ; c'est celle de *Kien-chan* (劍 山), le *Mont-Glaive*. De fait, elle ressemble vaguement à un glaive. L'orientation de son grand axe, normale à la direction des grands vents du N.-E. et probablement aussi l'absence de contre-forts, lui ont valu une dénudation plus caractéristique que celle du *Mont-Loup*. On dirait à la lettre une montagne étrangement tranchée dans le sens de la longueur.

XIV. L'ANCIEN *HAI-MEN*.

C'est qu'en effet ces collines recevaient, à une époque relativement récente, tout l'effort des tempêtes. Le récit des variations qu'a subies la presqu'île de *Hai-men* en l'espace de vingt siècles, joint à une carte que nous empruntons aux *Chroniques de T'ongtcheou*, mettra ce point en évidence et fournira une preuve nouvelle de la ténacité des Chinois dans le combat pour l'existence (1).

«Le territoire de *Hai-men* remonte au-delà du 2ᵉ siècle avant «l'ère chrétienne. Cette terre nommée pendant longtemps *Ta-ngan-* «*tcheng* (大 安) *la grande tranquillité,* ne fut d'abord qu'un banc «de sable qui se rattacha peu à peu au continent et qu'habita une «population de jour en jour plus nombreuse. Ce n'est qu'en 958 «que fut consacré le nom de *Hai-men* et constituée la sous-pré- «fecture *(hien)* du même nom. On lui assigna 120 *li* (72 kilom.) «de terres. Cette même année vit s'élever la ville de *T'ong-* «*tcheou* (2).»

---

(1) Cette carte présente, comme toutes les autres d'origine chinoise, des proportions fort incorrectes, mais quelqu'imparfaite qu'elle soit, elle nous fournit d'utiles notions sur la question traitée en ce moment.

(2) *T'ong-tcheou* est aujourd'hui à 16 kilom. de la rive du *Kiang*. Les postes d'observation qui surmontent ses portes, et ont reçu le nom de *Wang-kiang-leou* (望 江 樓), *Etages d'où l'on voit le Kiang,* ainsi que les combats que livrèrent sous ses murs des barques de pirates, montrent les progrès que l'alluvion a faits sur ce point depuis dix siècles.

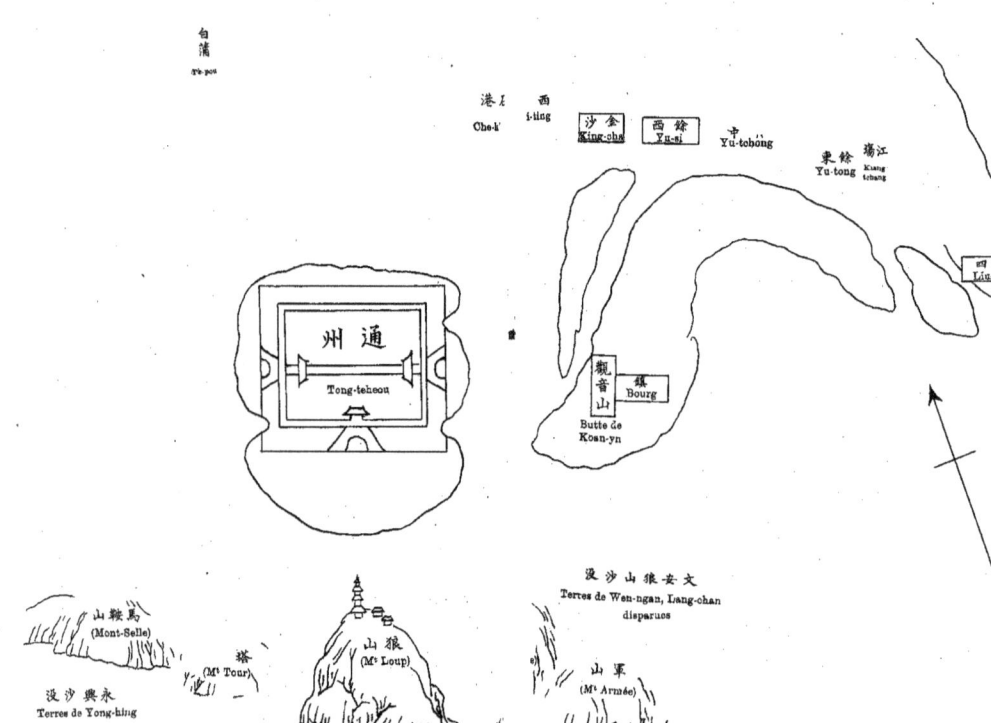

EMBOUCHURE DU KIANG.
(Rive gauche). Vers la fin du XVe s. les *Chroniques de T'ong-tcheou*.

XIV. L'ANCIEN HAI-MEN.

«Vers le milieu du 14ᵉ siècle (1341 à 1368), le *Kiang* menaçant «la ville de *Hai-men,* celle-ci fut transportée une première fois «vers le Nord, dans les campagnes de *Li-ngan-hiang* (禮安 *urba-* «*nité et tranquillité).* L'arrondissement de *Hai-men* se trouva alors «réduit à un espace de 37 *li* (22 kilom.).»

«Moins de deux siècles après (1506 à 1522), le Fleuve qui em-«piétait chaque jour sur le territoire de *Hai-men,* obligea d'en «transporter ailleurs le chef-lieu. On l'établit à 30 *li* (18 kilom.) «de là, au Nord de *Yu-tchong-t'chang* (餘中塲, *Salines du Reste* «*central),* sur le territoire de *T'ong-tcheou.*»

«Le Fleuve gagnant toujours, il fallut avant peu d'années, «reculer encore devant lui. Cette fois, c'est vers l'Ouest que l'on «chercha le salut : vers le milieu du 16ᵉ siècle la sous-préfecture «fut transportée à *Kin-cha* (金沙, *les Sables d'or),* à 30 *li* (18 «kilom.) de l'emplacement précédent.»

«A chacune de ces migrations, le territoire de *Hai-men* avait «été en diminuant. Cette fois même, il dut recourir aux emprunts «pour continuer de vivre ; 7 *li* pris sur le district de *T'ong-tcheou,* «portèrent à 13 kilomètres ses nouvelles dimensions. Malgré ces «étroites limites, le sous-préfet *Tchao-king* commença en 1555 la «construction de murailles pour protéger la ville des incursions «des Japonais ; il leur donna 3.000 mètres de tour ; les remparts «eurent 20 pieds de hauteur, avec des parapets de cinq pieds et «des fossés larges de six pieds. Sur chacune des quatre portes se «dressait un poste d'observation, et des ouvertures pratiquées dans «les murs de la ville donnaient accès aux canaux (1).»

«Enfin, en 1669, la marée emporta la moitié des murailles et «des habitations. Trois ans plus tard, la mer ayant achevé son «œuvre et anéanti cette cité, l'arrondissement fut supprimé et ses «restes firent retour à *T'ong-tcheou,* sous le nom de *Hai-men-*«*hiang* (鄉), *Campagne de Hai-men* (2).»

Telle est l'histoire de l'ancien *Hai-men.*

L'on remarquera que ce fut sous la dynastie des *Yuen,* que les terres de cette sous-préfecture furent entraînées par les flots, pour former au-dessous quelques-unes des grandes îles de *Tsong-ming (l'île du Sud,* par ex.), qui naquirent vers cette époque. Nous verrons en outre bientôt que l'île de *Tsong-ming* atteignit

---

(1) Les dimensions données à cette ville font voir quel sens il faut attribuer aux mesures indiquées pour l'arrondissement: ces dernières évidemment doivent s'entendre non de la périphérie, mais de la plus grande longueur. Cette observation se trouve confirmée par cette autre mention des Chroniques: «La *Campagne de Hai-men* a encore 5 *li* (3 kilom.) dans tous les sens.»

(2) *Chron. de T'ong-tcheou.* Vol. 2 et 4. D'après les statistiques contenues dans le même ouvrage, la population de *Hai-men* était en 1371 de 41.550 habitants; en 1522, de 22.834 ; en 1532, de 10.832 ; enfin de 3.788 seulement en 1542. Nous n'avons pas les chiffres du 10ᵉ au 13ᵉ siècle, époque de la plus grande extension de *Hai-men.*

son plus grand développement au moment où *Hai-men* épuisé par ses longues pertes, se voyait enfin dépossédé de son titre de sous-préfecture.

XV. LE NOUVEAU *HAI-MEN*.

Au moment même où *Hai-men* cessait d'exister, de nouveaux bancs de sable se formaient au milieu du Fleuve, à mi-chemin de *T'ong-tcheou* à *Tsong-ming,* et se développaient rapidement, préparant ainsi, par un retour auquel nous sommes désormais habitués, un nouvel et plus brillant avenir à l'ancienne sous-préfecture. Ces iles commencèrent à se rattacher à la côte par l'Ouest, ainsi que le montre une carte tirée des *Chroniques de la préfecture de T'ai-tsang* (1).

Ce document nous offre déjà l'emplacement et la désignation du chef-lieu de la nouvelle Section (*T'ing* 廳) de Hai-men. En effet, dès l'année 1768, l'alluvion était assez importante pour que le gouvernement consacrât la juridiction indépendante de la nouvelle *Porte de la mer* et l'érigeât en Section (2). Depuis ce jour, l'agrandissement de la péninsule n'a cessé de se poursuivre activement. L'ancien cap *Liao-kia-tsuei (Pointe de la famille Liao),* qui terminait jadis la rive gauche du *Kiang,* en est maintenant éloigné de quarante kilomètres. On le voit, les terrains ainsi conquis depuis deux siècles, d'une surface approximative de 1800

---

(1) L'on pourra voir vers l'angle N.-E. de la carte chinoise, l'île bien modeste de *Hi-tai-cha*, depuis longtemps réunie à la terre ferme, et dont le nom même a complètement disparu de la mémoire des habitants. C'est cet îlot que la *Nouvelle géographie* a ressuscité en en développant considérablement les proportions.

(2) *Chron. de Tsong-ming.* Edit. de 1881, 4ᵉ vol. — Les dénominations de District, Sous-préfecture, Section, employées par nous pour désigner les *Tcheou, Hien* et *T'ing,* répondent à des notions qui manquent à notre droit administratif. Elles sont dès lors assez arbitraires et demandent des explications.

Le *Tcheou (District)* qu'on appelle souvent Ville de 2ᵉ classe, équivaut de fait sous la dynastie actuelle à une Préfecture *(Fou)* ou à une Sous-préfecture *(Hien)* suivant qu'il a lui-même juridiction sur un ou plusieurs *Hien,* ou au contraire qu'il relève directement d'un *Fou.*

Le *Hien (Sous-préfecture)*, désigné en général comme Ville de 3ᵉ classe, est toujours subordonné à une préfecture *(Fou* ou *Tcheou)* et ne peut avoir sous sa juridiction que des bourgs.

Enfin le *T'ing (Section)*, tout en participant à ce dernier caractère du *Hien,* peut, comme le *Tcheou,* relever d'une préfecture, ou ressortir directement, comme c'est le cas pour *Hai-men*, au gouverneur de la province.

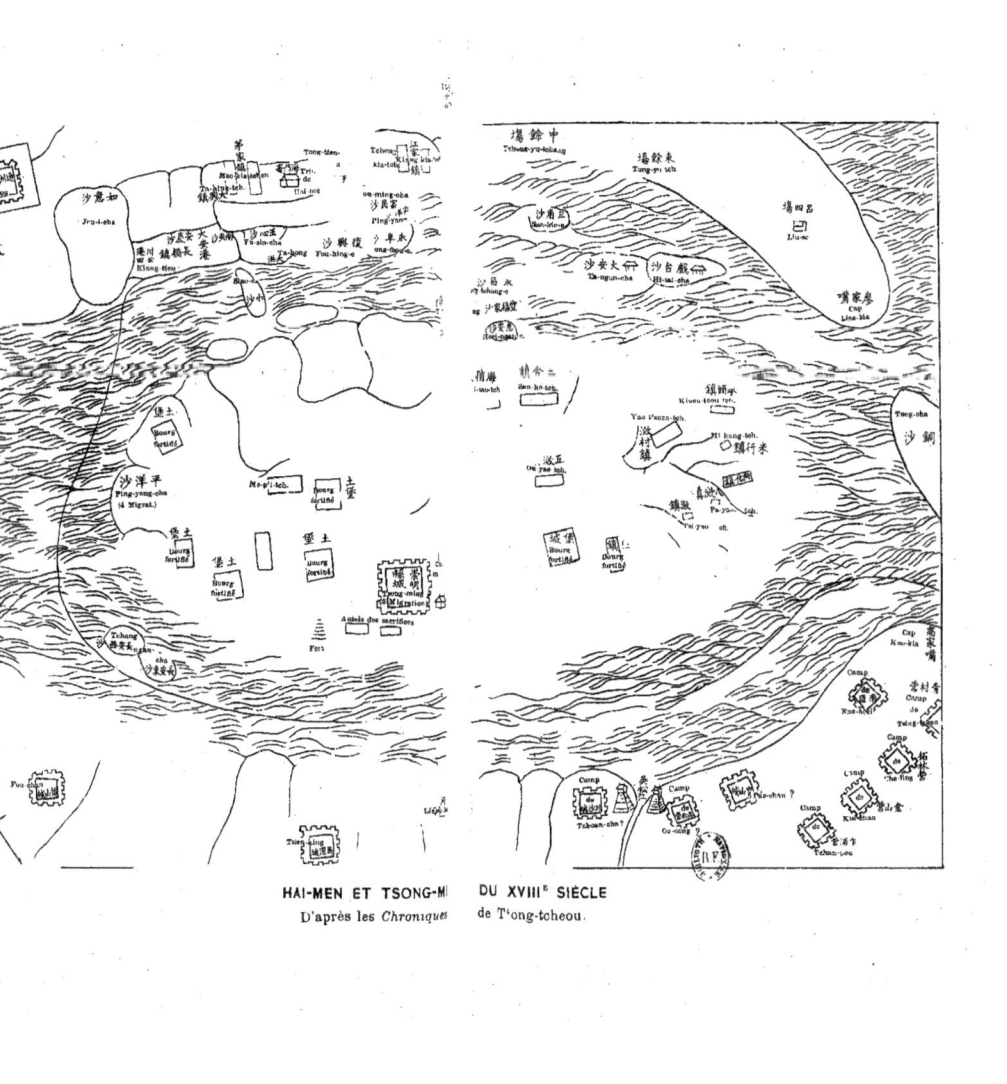

HAI-MEN ET TSONG-MI DU XVIIIᵉ SIÈCLE
D'après les Chroniques de T'ong-tcheou.

kilom. carrés, dépassent notablement les limites de l'ancien continent (1).

C'est encore aujourd'hui sur la pointe Est du promontoire Haiménois que le travail des atterrissements du *Kiang* se montre le plus actif: on pourra s'en rendre compte en comparant dans une nouvelle carte que nous offrirons bientôt au lecteur, l'état actuel des côtes, avec la carte de *Li-fong-pao,* dressée il y a 25 ans.

Ces rapides accroissements étaient providentiels et permirent à la population trop dense de *Tsong-ming,* d'aller chercher ailleurs des moyens d'existence, que l'île devenue trop étroite commençait à lui refuser. Déjà on avait vu au 14ᵉ siècle (1379) cinq cents familles se transporter sur la rive droite du Fleuve, à 50 kilomètres de l'île, sur les terres de *Koen-chan hien* (崑 山), qu'elles couvrirent de leurs cultures et de leurs descendants (2). Mais cette émigration partielle, ainsi que d'autres qui la suivirent, n'épuisaient pas assez rapidement le trop-plein de la population Tsongminoise, lorsque le bruit se répandit dans l'île d'une nouvelle terre promise et porta vers les îles de la rive gauche le flot pressé des émigrants.

C'est qu'en effet, après bien des péripéties, le chiffre de la population que nous avons vu, à la fin du 13ᵉ siècle, d'environ 12.700 familles, s'élevait au commencement du 18ᵉ à celui de 89.000 familles (2), et il fallait trouver de nouvelles terres pour occuper ces bras et nourrir ces bouches qui se multipliaient chaque jour. C'est sans doute à ce besoin de vivre, c'est à son nombre aussi, à son labeur persévérant, que la race de *Tsongming* dut la pacifique victoire qu'elle remporta sur les aborigènes de la rive septentrionale. Tandis que ces derniers, dominés par cette exubérance de vie, restaient confinés dans les limites du territoire respecté jusque là par les eaux, et conservaient le nom de *Kiangpé-jen* (江 北 人), *hommes du Nord du Fleuve,* les insulaires venaient dresser leurs huttes de roseaux sur les sables à peine nés d'hier, et recevaient de leurs voisins dédaigneux et jaloux,

---

(1) Une triangulation approximative de cette contrée donne pour la Section de *Haimen* 1130 kilom. et pour la partie S.-E., rattachée à la sous-préfecture de *Tsong-ming,* 670 kilomètres carrés. Ce dernier chiffre, ajouté à celui de 780 kilom., surface de l'île, donne une surface totale de 1350 kilom. pour l'arrondissement de *Tsong-ming.* C'est cent kilom. de plus que n'indiquait l'édition de 1881, citée plus haut. Mais cette augmentation, qui représente les atterrissements de ces dix dernières années, est normale et répond assez exactement aux 1800 kilom. formés en l'espace de deux siècles.

Le nouveau *Hai-men* ne possède pas de ville murée. Le mandarin qui gouverne cette section habite le bourg de *Mao-kia-tchen* (茅 家 鎭).

(2) *Chron. de Tsong-ming.* Edit. de 1881. 4ᵉ vol. Chap. des *Mœurs* (風 俗).

(3) *Ibid.* Chap. de la *Population.*

l'épithète, qui leur est restée, de *Cha-ti jen* (沙地人), Hommes des sables.

Un long canal parcourt la presqu'île de l'Est à l'Ouest, appelé *Hai-kiai* (海界), *Limite de la mer,* en souvenir de la configuration des anciennes rives. Il trace la ligne de démarcation entre la préfecture de *T'ong-tcheou* et la section de *Hai-men.* Au Sud de ce canal la population est d'origine exclusivement Tsong-minoise.

Une seconde zône, allant vers l'Est jusqu'au *Mont-Loup,* et bornée au Nord par le *Canal des Salines,* est habitée simultanément par les deux races, membres toutes deux de la grande famille chinoise. Mais chacune d'elles a gardé son langage, son costume, ses mœurs différentes. Chacune d'elles surveille sa rivale, comme feraient deux sœurs ennemies. Entre elles, point d'alliances de familles, point d'intérêts communs (1). *L'homme du Nord* jette le nom de *Man-jen* (蠻人), *Barbare,* à l'*Homme des sables* dont il méprise la grossière simplicité, et ce dernier prodigue la même épithète à son frère du *Kiang-pé,* dont il déteste l'orgueil et la brutalité (2).

---

(1) Le fait de cette mutuelle antipathie, qui pourra sembler étrange à des lecteurs européens, n'est pourtant pas rare en Chine. C'est ainsi que dans la partie Sud de la province du *Ngan-hoei,* que repeuplèrent, après la terrible occupation des *rebelles à la longue chevelure (t'chang-mao* 長毛*),* de nombreuses colonies descendues de la province du *Hou-pé,* une haine sourde a toujours régné entre les immigrants et les rares survivants de la race indigène. Ce fait se remarque surtout dans les préfectures de *Ning-kouo fou* (寧國) et de *Koang-té tcheou* (廣德).

Nous reproduisons à titre de curiosité le croquis de l'Embouchure du *Kiang* suivant plusieurs cartographes modernes. Sur la carte que nous proposons à la place de ces configurations fautives, des croix figurent l'emplacement de plusieurs chrétientés constituées durant ce dernier quart de siècle. Le lecteur verra que nos pauvres chapelles ont subi le sort commun de la côte. Il constatera, par exemple, que telle église, construite il y a peu d'années à l'intérieur des terres, se trouve maintenant sur le bord de l'abîme, ou même a déjà disparu; d'autres au contraire, élevées jadis sur la rive du Fleuve, s'en trouvent aujourd'hui fort éloignées. N. D. Auxiliatrice et S. Barthélemy nous fournissent des exemples du premier phénomène; S. Raphaël et le S. Nom de Marie nous donnent un exemple du second. Il y a 20 ans, cette dernière localité était un port considérable, ouvert sur un profond canal où pénétraient les vapeurs européens. Aujourd'hui c'est une plaine basse, tour à tour marécage ou sablonnière, dont les canaux obstrués ne peuvent plus verser à la mer les eaux qu'ils reçoivent du ciel.

Nous avons indiqué sur la même carte l'ancienne île de *Pan-hai-cha* (ou *Pai-hai-souo*, 半海沙), *Ile du milieu de la mer),* qui occupait alors le milieu d'un bras de mer, complétement obstrué de nos jours. Voici ce que le P. Pfister, auteur du *Kiang-nan en 1869,* écrivait il y a 20 ans de ce banc de sable: "Sous peu, la grande île de *Pai-hai-so,* formée "elle-même de cent îlots, sera unie au continent; aujourd'hui on y passe à gué à marée "basse." Ne faudrait-il pas voir dans cette indication et dans ce membre de phrase copié par M. Reclus qui l'applique à *Hi-tai-cha,* la cause de la grave erreur que nous reprochons à sa carte?

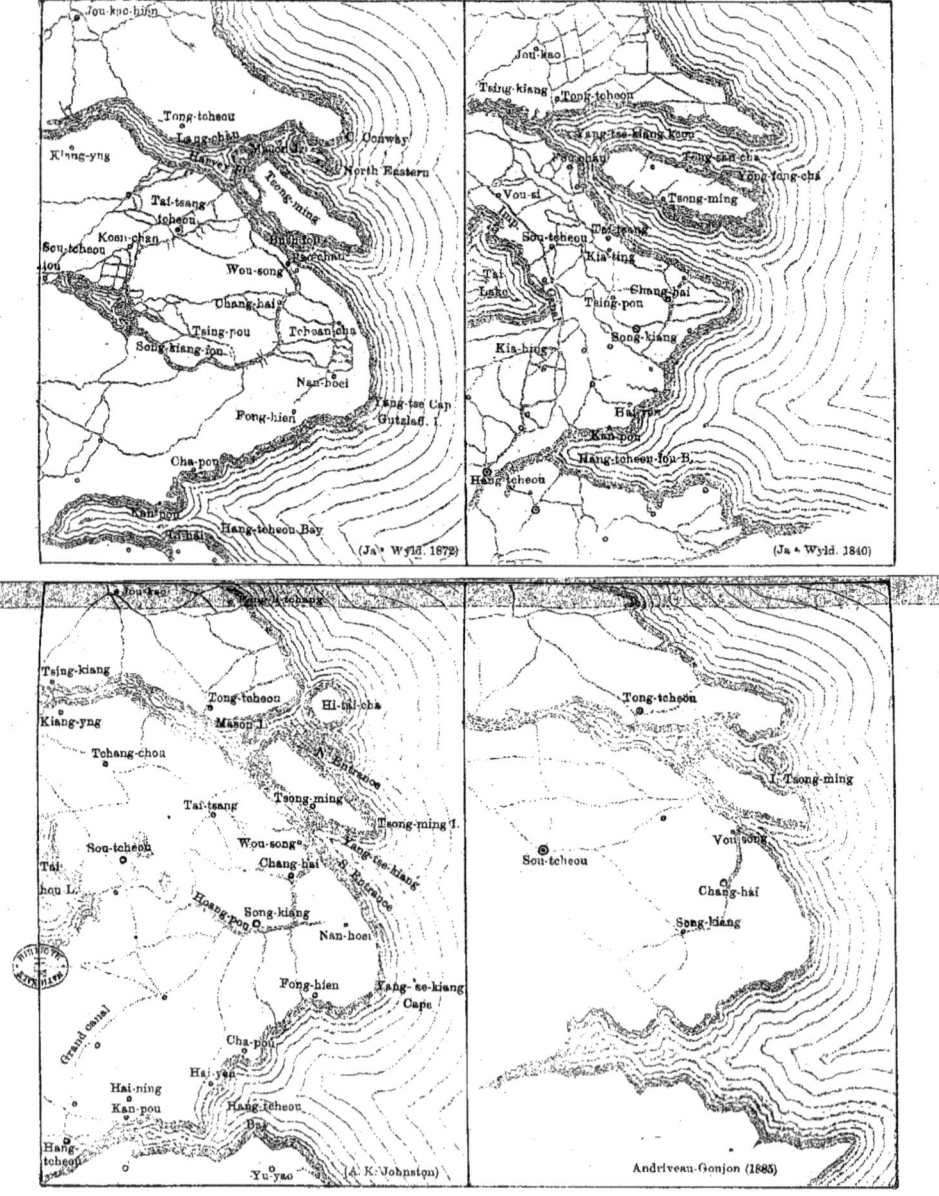

XVI. UNE COLONIE MODERNE.

La colonisation de *Hai-men* et le régime de sa propriété fournissent des particularités trop remarquables pour que nous ne nous y arrêtions pas un instant. Cette étude, facile puisqu'elle porte sur des faits contemporains, nous fournira le type le plus parfait des conditions de la mère patrie.

Lorsque les dépôts ont atteint, sur les bords de la côte, une hauteur jugée suffisante, les propriétaires de la nouvelle plage construisent le long du Fleuve, des levées de plusieurs mètres de hauteur, qui la protègent contre le retour des eaux (1). Les grands canaux qui traversent la presqu'île du Nord au Sud sont pareillement endigués. Des émissaires transversaux (*Heng-keou* 橫溝) larges d'une dizaine de mètres, qui courent de l'Est à l'Ouest, communiquant avec les canaux (港) qui se rendent à la mer, sont espacés de *li* en *li* (620^m), ainsi que le représente le diagramme ci-joint. Chaque zône ainsi limitée du S. au N. s'appelle *Yu-t'ang* (扜蕩), et quelles que soient d'ailleurs ses dimensions transversales, elle est coupée, perpendiculairement aux émissaires, par des fossés (*Ming-keou* 明溝) d'une largeur moitié moindre. Ces *Ming-keou* d'ordinaire ne communiquent point entre eux, mais dans les temps de grandes pluies, on les ouvre au moyen de vannes, sur les *Heng-keou*, par où les eaux se déchargent dans les canaux (*Kiang* 港) qui se rendent directement au Fleuve.

Les étroites portions de terre, renfermées entre les fossés, sont nommées *T'iao* (條), bandes, et mesurent communément 50 à 70 mètres de largeur sur 620 mètres de long. C'est vers le milieu de cette bande que l'homme des sables élève sa demeure, presque toujours construite des roseaux que lui fournissent en abondance les canaux, et couverte en paille de riz. A l'entour de l'aire qu'il a choisie pour son habitation, il creuse des fossés profonds, et rejette les terres au milieu de l'îlot, dont il exhausse ainsi le sol. Un pont de bois ou un étroit barrage en terre gardé par la meute du colon, donne accès par le sud à la maison qui occupe le fond de l'enceinte. Par derrière, le fossé s'élargit en forme de vivier, et une verte bambouserie protège la chaumière contre la rigueur des vents glacés du nord, tandis que sur les côtés, le long des berges, des saules et des peupliers dérobent aux regards l'édifice modeste, pauvre même, mais toujours propre et bien tenu du fils

---

(1) Il arrive parfois que dans leur impatience de jouir plus vite de leur nouvelle conquête, des riverains l'endiguent prématurément et rendant ainsi son exhaussement ultérieur impossible, la condamnent à rester pour toujours un fonds de peu de valeur, alors qu'une attente plus longue en eût fait une terre de bon produit. J'ai rencontré souvent de ces terres basses que la précipitation de leur propriétaire a réduites au rôle de marais.

des anciens Tsongminois. Là, au fond de sa solitude, sur sa motte de terre, il vit paisible, loin d'un monde qu'il ignore et dont il se méfie. Entouré de ses enfants et de ses petits-enfants, auxquels il prêche par son exemple le travail et l'épargne, il n'a qu'une pensée, il ne caresse qu'un seul rêve, celui de toute une carrière du plus rude labeur : c'est l'achat de ce *t'iao*, dont il n'est que fermier, ou l'acquisition d'une nouvelle bande qui vienne grossir son patrimoine. Cette passion persévérante, qui attache à la glèbe le cœur du défricheur des sables, est un des caractères les plus saillants de cette race.

Ce système de canalisation, dont nous ne sachions pas qu'il existe ailleurs un exemple aussi frappant, a pour effet de relever d'une façon notable les surfaces cultivées ; l'ouverture des *Mingkeou* donne à elle seule une épaisseur d'un demi-pied, que le creusement des canaux et des émissaires, et la destruction des digues plus anciennes, peuvent doubler sur certains points. Puis le curage des réservoirs ou fossés, que les eaux du Fleuve, soulevées par les puissantes marées de l'Océan, viennent peu à peu remplir de limon, les dépôts de matières végétales, combinés avec l'irrigation artificielle, élèvent encore la surface, de façon qu'après un temps suffisant, toute une région pourrait devenir entièrement indépendante des digues élevées le long de la côte pour la sécurité de l'agriculture (1).

XVII. PROPRIÉTÉ FONCIÈRE.

Les coutumes particulières qui régissent la propriété, à *Tsongming* et à *Hai-men*, ne contrastent pas moins avec les coutumes des autres régions, que cette disposition matérielle des terrains.

Depuis un temps immémorial on distingue, chez nos insulaires, deux éléments de possession immobilière, le *fonds* (田底), et la *surface* (田面), dont les droits parallèles, créant une législation toute spéciale, sont fondés sur l'origine même de ces contrées.

Il arrive en effet d'ordinaire, que les propriétaires de ces plages nouvelles, soit à raison de leurs vastes domaines, soit pour cause d'éloignement trop considérable, sont incapables de les défricher par eux-mêmes. Ils peuvent alors se défaire de tous leurs droits en faveur d'un colon, ou ne lui en céder qu'une partie.

---

(1) Le Rév. Jos. Edkins, dans l'étude citée plus haut sur les «anciennes bouches du Kiang», applique cette dernière remarque aux terres qui bordent le golfe du *Tché-kiang*.

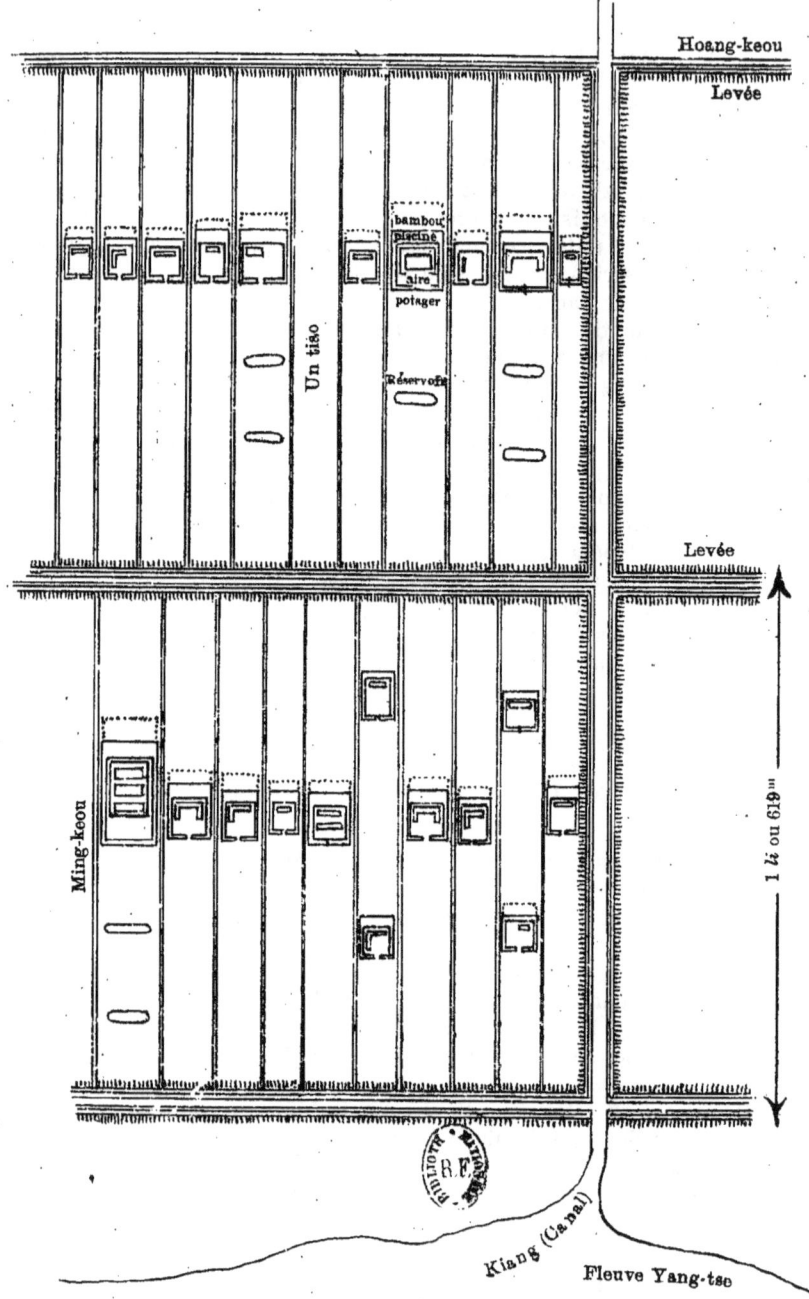

DIAGRAMME MONTRANT LA CANALISATION
des terrains de Hai-men.

Dans ce dernier cas, la propriété se divise : l'ancien maître appelé *contribuable* (糧 戶) parce qu'il continuera de payer le tribut, recevra du colon les fermages de ces mêmes terres ; c'est à lui que le fonds appartient. Mais le *laboureur* (佃 戶) auquel ont incombé les premiers frais de défrichement, garde comme juste compensation de ses peines et de ses sueurs, le droit exclusif de culture, que la coutume a désigné du nom de *surface* (1).

Désormais, contribuable et laboureur pourront à leur gré céder à d'autres, par un acte de vente, la part de droits qui leur revient ; à ce point de vue, ils sont indépendants l'un de l'autre, et pendant de longs siècles, le même champ pourra compter ainsi deux propriétaires distincts. Le laboureur est libre de faire exploiter sa terre par un autre fermier : à la seule condition que les fermages lui soient payés régulièrement, le contribuable n'a rien à voir dans la gestion de son immeuble.

Disons du reste qu'à raison du travail considérable que réclame la mise en culture des nouveaux terrains, la valeur de la surface l'emporte de beaucoup sur celle du fonds. Aussi l'on comprend que le laboureur dont les droits surpassent de six à huit fois ceux du contribuable, ne paie à ce dernier qu'une faible redevance et conserve le privilège exclusif d'élever sur le terrain qu'il cultive des maisons, des tombeaux, des plantations d'arbres (2).

A *Tsong-ming* comme à *Hai-men*, la valeur vénale moyenne des terres cultivées étant de 245 piastres l'hectare, fonds et surface compris (au taux actuel plus de mille francs de notre monnaie), l'on voit que le contribuable (糧 戶) pour avoir un domaine de 3.000 francs, devra posséder vingt hectares en fonds (3).

Le simple fermier moins heureux que le laboureur, est grevé d'un fermage onéreux, que se partagent au prorata de leurs droits respectifs, les propriétaires du fonds et de la surface. Le prix de cette location, lorsqu'elle est tarifée à forfait et en argent, comme c'est le cas le plus fréquent, s'élève au minimum à 14 et monte même jusqu'à 28 piastres de redevance annuelle pour un hectare, — 69 à 120 francs !

---

(1) Ce dernier droit est aussi nommé *Kouo-teou* (過 投) ainsi que le remarque le P. Du Halde. Une expression caractéristique indique dans les contrats la source de ce droit. Le laboureur, lit-on dans ces sortes d'actes, a fourni *le capital de son labeur* (辛力工本).

(2) *De legali dominio*, a P. Hoang. Art. *de Fundo et superficie terræ*.

(3) La remarque que nous avons faite plus haut sur le cours du taël comparé à la monnaie française, s'applique également aux monnaies étrangères, piastre mexicaine et carolus, dont l'usage est répandu dans la province du *Kiang-nan*. Leur valeur est soumise, comme une marchandise, à toutes les fluctuations du marché. La piastre mexicaine par exemple, dont la valeur oscille entre 4 et cinq francs, est cotée au moment où nous traçons ces lignes à 4 fr. 20 environ.

Ces charges vraiment exorbitantes pour des terres qui sont loin de donner les mêmes bénéfices que la plaine de *Chang-hai*, expliquent, sans les justifier toutefois, les représailles qu'a parfois exercées sur des maîtres inhumains, la foule des travailleurs en détresse. La rigueur de la servitude imposée aux plus faibles et les excès qu'elle a provoqués, dont les Chroniques nous ont conservé le souvenir, étaient-ils dûs à «la population s'administrant «par elle-même» ou à des «règlements vexatoires imposés par les «mandarins?» Le lecteur pourra juger. Ce que nous pouvons affirmer, c'est qu'en de pareils conflits, les magistrats ne manquent jamais d'exhorter les propriétaires trop durs à user de procédés plus humains.

XVIII. LES TEMPÊTES.

Des malheurs plus grands que les incursions des pirates et les changements incessants de leur sol, vinrent éprouver souvent les habitants de *Tsong-ming*. Les annales de l'île, dans un style toujours bref, nous retracent les sombres éphémérides de ces grandes épreuves. Leur récit, calme, sans passion, empreint même de froideur, exalte encore par le contraste la grandeur des maux endurés et fait mieux ressortir l'invincible vitalité de cette race de lutteurs.

Tour à tour de gigantesques ras-de-marée sont venus l'envahir sous leurs eaux; la peste et la famine ont décimé ses rangs; mais elle est sortie victorieuse de toutes ces épreuves ; elle leur a survécu et sa masse débordante demande de nouveaux espaces pour s'étendre.

La famine avec ses horreurs s'est abattue souvent sur cette malheureuse contrée : tantôt c'est une vague immense qui l'ensevelit comme d'un linceul et dévaste ses récoltes ; tantôt c'est l'eau salée qui vient ruiner ses moissons ; tantôt ce sont des pluies diluviennes qui les noient ; ou bien c'est un soleil de feu qui les sèche sur pied ; ce sont des nuées de sauterelles qui la dévorent en herbe. A la place du riz devenu trop cher (1), on se procure

---

(1) Nous croyons intéresser plusieurs de nos lecteurs, en leur offrant pour ces deux derniers siècles les tableaux comparés de la valeur du riz, et de l'étalon monétaire (taël) chinois, par rapport aux sapèques.

Le picul (石) de riz de 103^{lit},10, mesure fixée officiellement pour le paiement du tribut impérial, se payait dans les bonnes années 700 sapèques, sur la côte de *Chang-hai*, vers le commencement du 18e siècle; il montait à mille sap. et plus en 1740; enfin après avoir dépassé le chiffre exorbitant de 10,000 en 1862, époque de la grande rébellion, il s'est maintenu dans ces dernières années entre 2 et 3.000 sapèques (*De leg. dom.* n. 41 not.)

Il est vrai que dans le même laps de temps, la valeur de l'once d'argent a également

au marché le son et la balle du grain, et les familles se dispersant dans la campagne, fouillent le sol pour se nourrir de racines qu'ils y trouvent ; l'on voit même des parents sacrifier leurs enfants pour les manger.

Voici quelques dates et quelques faits : «En 1370, grande tem-«pête; les flots emportent les habitations ; grande famine. — En «1517, grande famine : on vend du son sur les marchés. — 1528, «sécheresse ; famine. — 1591, le 16 de la 8ᵉ Lune, la mer se «précipite sur l'île ; grande famine. — 1608, grande pluie pendant «plusieurs mois. De la ville, on voit partout comme une mer im-«mense ; les bateaux passent par-dessus les levées. Grande famine. «— 1630, de la 6ᵉ à la 8ᵉ Lune, la marée envahit l'île; famine. — 1631, «les sauterelles viennent du Nord du Fleuve et dévorent les mois-«sons. — 1640, famine. — 1641, les sauterelles reviennent. Le «picul de riz monte à 4 Taëls. — 1642, grande famine ; les grains «atteignent un prix considérable ; des parents dévorent leurs enfants. — 1698, sauterelles ; famine. — 1724, famine. — 1732, «grande famine. — 1755, pluie, inondation ; le riz monte à 4 et «5 Taëls le picul. — 1756, grande famine. — etc. (1).»

Depuis longtemps les insulaires ont essayé de prévenir, par la construction de hautes digues, l'irruption de la mer sur leur territoire, mais pendant de longs siècles la dispersion de leurs îles, qui constituaient une sorte d'archipel, avait empêché de réaliser, sur la côte Nord-est, des travaux d'ensemble suffisants pour protéger les terres et leurs habitants. Nos Chroniques sont pleines de ces sinistres, dont nous choisirons quelques traits seulement.

Voici en quels termes un ancien missionnaire a rapporté l'un de ces drames émouvants dont il fut le contemporain : «En l'année «1696, les neuf églises récemment fondées sur l'île de *Tsong-*«*ming* comptaient déjà 3.000 chrétiens. Cette même année, la «mer, soulevée par un typhon venu des côtes de l'Inde, ensevelit

---

suivi une marche ascendante. Ainsi le taël qui s'échangeait en 1736 contre 700 sap., en valait 900 quarante ans après, montait à 1.400 à la fin du même siècle et atteignait en 1853 la valeur maximum de 2000 sapèques. Depuis une dizaine d'années, le taël est retombé de 1.700 à 1.400 sapèques (*Op. cit.* n. 137 not.) Mille sapèques valent donc actuellement 4 francs.

Notons en terminant que le picul de *Tsong-ming* mesure 125^{lit}, 70. Cette mesure varie du reste à l'infini suivant les différentes contrées de la Chine. L'ouvrage auquel nous avons emprunté la note qui précède, en signale 23 variétés (Ibid. n. 136) d'une contenance qui varie de 105 à 145 litres, rien que pour quelques marchés de la seule province du *Kiang-nan!*

C'est en vain qu'en 1763, un censeur impérial adressa une requête à la Cour, pour obtenir la réforme et l'unification des mesures; il lui fut répondu que «les usages établis jouis-«sant d'une longue et pacifique possession, il ne paraissait point opportun de prendre en «considération un projet dont l'application entraînerait pour le peuple de graves difficultés.» (*Ibid.* n. 133.)

(1) *Chron. de Tsong-ming*, Chap. des *Présages*.

«toute l'île sous ses flots. C'était pendant la nuit du 28 au 29
«Juin. Sur toute la côte qui regarde le continent (la rive droite),
«à peine quelques-uns purent-ils échapper à ce désastre qui ve-
«nait les frapper au milieu des ténèbres. L'on dit que des milliers
«et des milliers (sexcenta millia) d'hommes périrent en cette cir-
«constance; mais nous ne perdîmes que 50 chrétiens; d'innom-
«brables pagodes furent détruites, et une seule de nos églises fut
«renversée. C'était un spectacle horrible de voir les campagnes
«et le bord des canaux remplis de cadavres....... (1).»

Les Chroniques n'ont eu garde d'omettre cet incident de leur histoire; et trente ans plus tard, leur nouvel éditeur lui consacrait cette sèche mention: «La 35ᵉ année du règne de K'ang-hi, le 1ᵉʳ «de la 6ᵉ Lune, grand vent et grande pluie. Le 2, au milieu de «la nuit, une vague immense s'abat sur l'île; on ignore le nombre «des personnes qui ont péri noyées, et des habitations qui ont été «détruites en cette circonstance.» C'est tout! Et pourtant si les missionnaires regardaient comme une insigne faveur de Dieu, que la soixantième partie seulement de leur petit troupeau eût trouvé la mort dans cette nuit terrible, à quel chiffre pourrions-nous évaluer les pertes infligées à la population infidèle? Il fallait que de nouvelles et de dures leçons vinssent enfin forcer ce peuple insoucieux du danger à s'abriter derrière un rempart plus solide que ceux qui laissaient chaque jour ses vies et ses demeures à la merci des tempêtes (2).

Les années 1724, 1732 et 1747 furent surtout marquées par des faits du même genre. Enfin, en 1762, on éleva une digue qui existe encore aujourd'hui et que figure notre carte. Voici la mention que lui consacrent les Chroniques: «La digue a plus de 62 «kilomètres de long; elle mesure dix pieds de hauteur et quarante «de largeur (à sa base). Ce travail fut achevé en l'espace de 63 «jours; les frais furent supportés proportionnellement aux champs

---

(1) *Sinarum historia* a P. Dunyn. Szpot; manuscrit conservé aux archives de la Compagnie de Jésus à Rome.

L'historien de l'église Tsongminoise ajoute à son récit cette remarque qui ne sera peut-être pas du goût des libres-penseurs, mais dont ils reconnaîtront tôt ou tard la justesse: «Horrendum spectaculum vindicis Dei manus videre fuit, plenos campos plena flumina ad «littora eorum cadaveribus qui, ut christiani improperabant gentilibus, nolebant ex idolo-«latriæ tenebris ad veræ fidei lucem, vocante eos per suos servos Deo, emergere, ideoque «mox illos involvit in perniciem, et fidei apostolorum Petri et Pauli, pertinaciter incre-«dulos detrusit, ne lucem hanc spectabilem etiam jumentis viderent, in abyssum damna-«tionis æternæ.»

(2) Il existe encore sur plusieurs points de l'île, ainsi que sur la côte Nord de *Hai-men*, des tertres très anciens, connus sous le nom de *Tsi-ming-toen* (濟命墩) ou de *Pi-tchao-toen* (避潮), *Tertres pour sauver sa vie, ou pour fuir la marée.* Les Chroniques de 1760 nomment un grand nombre de ces refuges. Mais la soudaineté et la violence des accidents contre lesquels ces travaux avaient été faits, en ont montré l'insuffisance.

«labourés; les propriétaires donnèrent leur fonds, les fermiers
«fournirent leur travail ; pas une obole ne sortit du trésor public
«(1). Depuis la construction de cette digue, la marée d'automne
«a beau être puissante, la pluie et le vent ont beau se déchaîner,
«le peuple jouit en paix de son repos et chaque année rapporte
«d'abondantes moissons (2).»

Puisse cette heureuse paix n'être jamais troublée! Nous en
doutons toutefois: le flot implacable se rapproche sans cesse de
cette digue de terre qui ne saurait résister longtemps au travail
de l'érosion. Des faits plus anciens nous apprennent combien alors
sont fragiles de pareilles murailles contre les fureurs de l'océan.
En terminant j'en citerai un des plus remarquables.

Les Chroniques de *Tsong-ming* nous disent qu'en 1390, le 23
de la 7ᵉ Lune, «la mer déborda sur l'île; toutes les habitations
«furent détruites et les sept ou huit dixièmes (sic) de la population
«périrent dans les flots.» Or, le même jour, lisons-nous dans les
Chroniques de *T'ong-tcheou*, «la mer brisa la digue de *Liu-se* (呂
«泗, au Nord de la péninsule de *Hai-men*, à 50 *li* de la sous-
«préfecture de *Tsong-ming)* et fit périr plus de 30.000 person-
«nes (3).»

En terminant ce chapitre, nous croyons bon de signaler brièvement les principales inondations survenues dans l'île depuis le
14ᵉ siècle. En voici le tableau : «En 1299, 7ᵉ Lune, vent violent,
«pluie diluvienne ; l'eau monte sur l'île. On ignore le nombre des

---

(1) Cette phrase, qui vise sans doute à l'éloge du peuple Tsongminois, ne fait pas l'honneur du gouvernement chinois. Si celui-ci demande peu aux contribuables, il est vrai qu'il
leur donne encore moins et qu'il n'a d'ordinaire nul souci des travaux d'utilité publique.

(2) *Chron. de Tsong-ming.* Art. des *Chaussées maritimes* (海隄).

(3) *Chron. de T'ong-tcheou;* 3ᵉ Vol. art. des *Chaussées* (捍 海 隄). Ce n'est pas la
seule fois que cette digue fut témoin de pareils désastres. Elevée en 1033, à la requête
d'un mandarin préposé aux salines, qui laissa son nom (范 *Fan)* à cette œuvre, elle s'é-
tendait de la sous-préfecture de *Yen-t'cheng* (盐 城), *Ville au sel)* au Nord, jusqu'à *Yu-
si-t'chang* (餘 西 塲, *Salines du Reste occidental)* au Sud, contournant circulairement
les salines que venait alors baigner la mer, ainsi que le représente notre carte. Elle fut
complétée en 1054, par un autre tronçon qui relia *Yu-si-t'chang* à *Liu-se.* Ce dernier bourg
s'ouvrait alors sur la mer et était le centre d'un commerce très actif avec le Nord de la
Chine.

Après les pertes de 1390, les années 1466 et 1471 virent la mer abîmer de nouveau la
digue (范 公 隄), où elle pratiqua jusqu'à 72 brèches. En 1540, nouvelle repture; cette
fois, plus de 10.000 hommes périssent.

D'après les Chroniques, le but de cette digue était moins d'épargner la vie des habitants
que de défendre leurs cultures, souvent stérilisées par l'inondation de l'eau de mer.
L'accroissement qu'ont pris les terres nouvelles à l'Est de la digue, a rendu ce travail inutile aujourd'hui ; une partie considérable de ces alluvions est même livrée à la culture, tandis que la partie la plus avancée vers la mer, sert à l'exploitation du sel, et reste seule ex-
posée au «péril de la mer.»

«noyés. — 1301, à l'automne, la marée envahit une partie des îles «et y fait périr les 8 ou 9 dixièmes des habitants. — 1370, 1378, «ras-de-marée, grands désastres. — 1384, la marée activée par «un vent violent se précipite sur l'île; pertes inconnues. — 1390 «(V. sup.). — 1424, le 17 de la 9ᵉ Lune intercalaire, grand vent «et ras-de-marée; nombre des noyés inconnu. — 1426, ras-de-«marée. — 1436, le 1ᵉʳ de la 7ᵉ Lune, la marée détruit les mois-«sons; le 1ᵉʳ da la 10ᵉ Lune, la marée revient plus impétueuse et «abime un très grand nombre d'habitants. — 1461, le 15 de la «7ᵉ Lune, la nuit, grand vent accompagné de pluie; une vague «de 8 à 10 pieds s'abat sur l'île et inonde ses habitations; plus «de 4.000 hommes noyés sur la plage. — 1516, 6ᵉ Lune, la mer «promène sur les terres de l'île, une vague de plus de dix pieds. «Tous les paysans qui étaient dehors à ce moment sont noyés. «Désastres inconnus. — 1522, un vent de tempête pousse sur l'île «une vague de plus de dix pieds. On ignore le nombre des mai-«sons détruites et des hommes noyés. — 1539, 3 de la 7ᵉ Lune «intercalaire, ras-de-marée; presque toutes les maisons détruites; «quelques centaines de noyés. — 1569, 13 de la 6ᵉ Lune interca-«laire, jusqu'au 16, vague de plus de dix pieds; de dix habita-«tions il ne reste que 3 ou 4. — 1575, 1ᵉʳ de la 6ᵉ Lune, nouveau «cataclysme; environ moitié des maisons détruites. — 1582, 13 «de la 7ᵉ Lune, ras-de-marée. Un très grand nombre d'habitants «périt. — 1591, du 16 au 19 de la 7ᵉ Lune, le vent souffle avec «fureur; on ignore le nombre des maisons détruites et des hom-«mes noyés par le flot; le 16 de la 8ᵉ Lune (V. sup.)». Mais abré-geons ce nécrologe, et ne donnons plus que deux ou trois exem-ples: «En 1628, 23 da la 7ᵉ Lune, vent violent, ras-de-marée. «La veille du solstice d'hiver, on voit à l'Est en mer quelques «dizaines de dragons (il s'agit sans doute de trombes); on ignore «le nombre des noyés. — 1650, le 15 de la 8ᵉ Lune, grand ras-«de-marée. 9ᵉ et 10ᵉ Lunes, nouveaux ras-de-marée; on ignore «le nombre des morts. — 1654, le 21 de la 6ᵉ Lune, vent violent «du N. E., pendant deux jours, marée haute de 5 à 6 pieds; «nombre des noyés inconnu. — 1655, par trois fois, toutes les îles «sont recouvertes par le flot. Noyés très nombreux. — 1680, 3 de «la 8ᵉ Lune, vent violent, ras-de-marée. On ignore le nombre des «noyés. — 1696, (V. sup.) — 1724, 18 de la 7ᵉ Lune, la nuit, «grand ras-de-marée. Plus de mille personnes noyées. — 1732, «le 16 de la 7ᵉ Lune, la nuit, de 5 à 8 heures du matin par un «ciel noir comme de l'encre, la mer inonde l'île. On ignore le «nombre des noyés. — 1734, le 14 de la 7ᵉ Lune, la nuit, la mer «inonde l'île; noyés en nombre inconnu.»

On le voit, c'est surtout à la 7ᵉ Lune et à l'époque des gran-des marées que se renouvelaient ces malheurs. Cette Lune cor-respond au mois d'Août: or c'est précisément à cette époque que le *Kiang* atteint son débit maximum; combiné avec la direction du vent E.-S.-E. qui règne à ce moment sur la côte, l'on comprend qu'il donne parfois à la marée une puissance formidable.

XIX. LA POPULATION.

Tant de malheurs n'empêchaient point l'île de *Tsong-ming* de voir augmenter chaque jour sa population, et bien que depuis deux siècles, l'émigration ait porté sur les nouvelles côtes une partie de ses habitants, ses pertes ont été vite compensées et même dépassées par les accroissements que cette race doit à sa fécondité naturelle.

Le chiffre de deux millions d'habitants que plusieurs auteurs assignent à la population de l'île, est notablement au-dessus de la vérité; nous croyons qu'il convient de le diminuer de presque la moitié, et l'on aura, même à ce compte, un résultat fort respectable.

C'est en vain que nous avons cherché, sur cette question, des renseignements dignes de foi, parmi les documents officiels. La dernière édition des *Chroniques de Tsong-ming* se contente d'enregistrer les recensements opérés au 18ᵉ siècle, et le tribunal de *Tsong-ming* lui-même, que nous avons fait interroger à ce sujet, nous a répondu par le chiffre ridiculement insuffisant de 372,465 habitants pour la population actuelle de tout l'arrondissement, y compris les 670 kilom. carrés qui se trouvent à la pointe de la péninsule.

La précision de ces données ne saurait nous forcer à leur donner crédit, contrairement à toute évidence: elle prouve seulement l'indifférence que l'administration chinoise attache de nos jours à tout chiffre, à toute statistique, qui ne lui rapporte point un profit matériel (1).

Heureusement, nous possédons d'autres éléments de calcul, pour déterminer avec assez d'exactitude la population de l'île, ainsi que celle de la côte Haiménoise. Le premier élément consiste dans la contenance moyenne des terres cultivées par une famille. A cette donnée vient s'ajouter, pour la presqu'île de *Haimen*, la distribution méthodique de ses bandes, qui permet d'éva-

---

(1) Pour donner un exemple de ce dédain superbe envers les statistiques, croirait-on que la province du *Ngan-hoei* où nous habitons maintenant, est dotée par les ministres protestants (Inland Mission) nos voisins, de 10.000.000 d'habitants seulement, tandis que le général Mesny, qui dit écrire sur des documents officiels, lui attribue 34 millions; M. Reclus, 36.596.988... Gotha, 20.596.988... Du moins dans ces deux derniers nombres, les dernières unités ont la rare fortune de se ressembler!

luer avec une approximation suffisante le nombre moyen de personnes établies sur chaque t'iao.

Nous trouvons ainsi une densité de 700 hab. par kilom. carré pour la partie continentale, et de 1475 pour l'île de *Tsong-ming*. Cette dernière serait donc peuplée de 1.150.000 habit. environ, tandis que la péninsule colonisée par elle en compterait 1.250.000 (1). Ces deux chiffres, qui donnent une somme totale de 2.400.000 habitants, concordent assez bien avec ceux que nous avaient laissés les Chroniques de 1760. Durant les 17 années qui précédèrent cette édition, l'empereur *K'ien-long* qui paraît s'être intéressé plus que ses successeurs à ce genre de renseignements, avait fait relever minutieusement le chiffre de la population Tsongminoise, qui aurait été en 1759, si nous en croyons ces statistiques, de 642.743 habitants.

Etant donné que la période de doublement est d'environ 70 ans, nous arrivons précisément après un espace de 130 ans, au chiffre admis plus haut (2).

XX. MISÈRE ET CHARITÉ.

Bien que la densité de la population de *Hai-men* dépasse dix fois celle de la France, l'on peut dire que cette colonie touche à son âge d'or. Les accroissements dont elle nous rend témoins prouvent assez qu'elle prospère et qu'il lui reste de l'espace pour dilater encore le chiffre de ses membres. Sans doute l'homme des sables n'est pas riche; l'aisance même lui est inconnue; mais il vit de si peu qu'il s'estime heureux sur cette terre.

Il n'en est plus de même du peuple de *Tsong-ming*, qui périt étouffé sur son domaine trop étroit. Nous doutons fort, pour notre compte, que «dans les riches terres de *Chang-hai*, vingt hommes

---

(1) La densité de la population de l'île est donc à peu près double de celle de la presqu'île. Tandis qu'une famille composée de cinq personnes cultive en moyenne 72 ares à *Hai-men*, le même groupe à *Tsong-ming* doit vivre du produit de 33 ares!

En divisant la population de la péninsule proportionnellement au territoire des deux juridictions qui s'y rencontrent, on obtient pour la partie qui ressortit à *Tsong-ming-hien*, le chiffre de 520.000, lequel ajouté à celui de la population de l'île, donne un total de 1.620.000 hab. pour tout l'arrondissement.

(2) Il est vrai qu'aujourd'hui la fécondité des habitants de *Tsong-ming* compense à peine dans l'île les pertes causées par les décès prématurés, fruit de la misère. Mais cet arrêt de date récente, avait été compensé avant 1760 par un autre élément, je veux dire par la population émigrée sur la rive Nord, et qui, ne figurant pas dans le recensement de 1759, fut rattachée neuf ans après à la section de *Hai-men*.

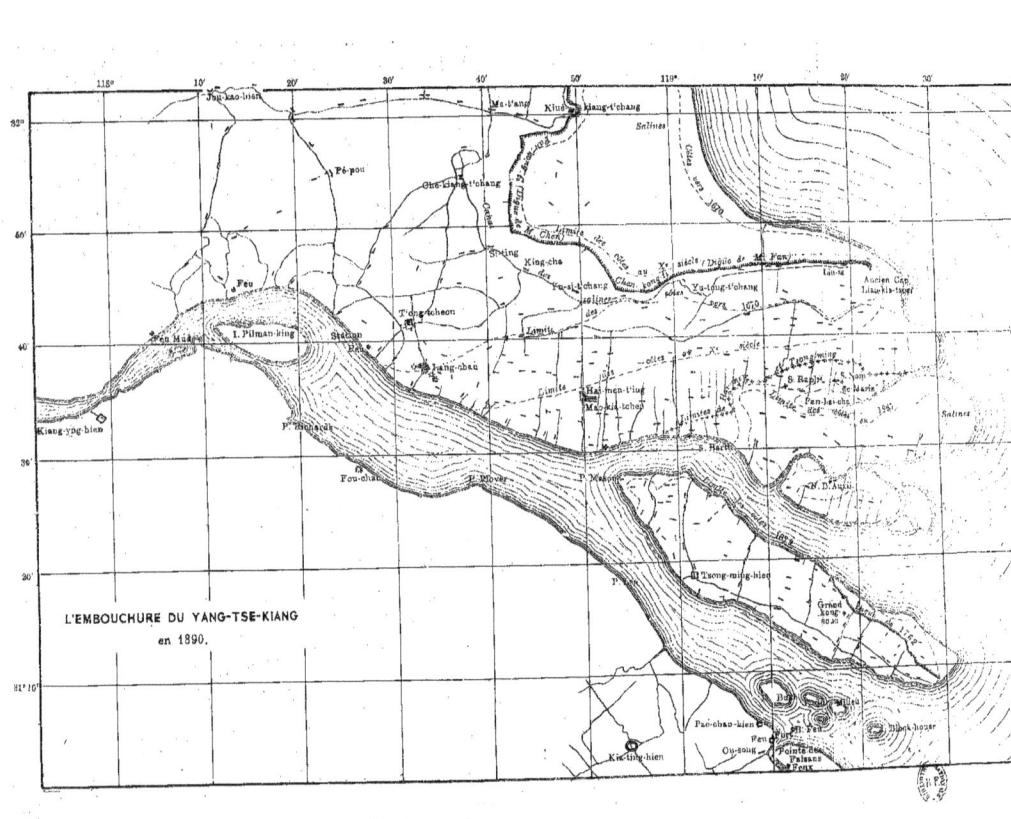

«vivent à leur aise, des produits d'un seul hectare» comme l'affirme M. Reclus (Op. cit.). Mais quoi qu'il en soit des plaines de *Chang-hai*, nous pouvons assurer que celles de *Tsong-ming*, qui serait «une des régions les plus fertiles de la Chine,» auxquelles le même auteur attribue une égale densité, ne peuvent même nourrir les quinze personnes que nous leur reconnaissons par hectare (1).

Nous avons relevé, sur les registres de paroisses de ces dernières années, des chiffres qui prouvent éloquemment la misère de ce peuple. Pendant que la natalité se maintenait au chiffre relativement élevé de 35,56 naissances annuelles pour mille habitants, la mortalité atteignait la moyenne effrayante de 42,78.

De nos jours, à la lettre, ces insulaires meurent de faim, avec leurs 6 ares, 75 de biens-fonds en moyenne par tête. Car, ce qu'une culture de luxe, une simple culture maraîchère pourrait fournir au besoin à ses auteurs, la plantation du riz ou du coton, des fèves ou du maïs, du sorgho, du colza, du blé, du millet, des patates, cette plantation, dis-je, la seule qui soit utile dans ce pays, ne le peut absolument point.

Un autre signe manifeste de cette misère est l'abandon des nouveau-nés. Je ne crois pas que ce peuple, qui est bon malgré sa grossièreté, soit naturellement porté à se défaire de ses enfants, et je n'en veux pour preuve que la rareté de cette pratique dans la région plus fortunée de *Hai-men*. L'insuffisance de leurs ressources et le désir de conserver ceux qui sont venus les premiers aux luttes de la vie, imposent seuls ce sacrifice aux parents.

L'œuvre admirable de la Sainte-Enfance a été établie à *Tsong-ming* en 1845; elle possède dans l'île six établissements principaux, qui aident le gouvernement chinois à accomplir la tâche humanitaire pour laquelle il se sent impuissant (2).

---

(1) Nous verrons plus loin comment les *Chron. de Tsong-ming*, qualifient elles-mêmes les terres de l'île de médiocres et de «maigres.»

(2) Je n'ignore pas que l'administration civile de *Tsong-ming* possède elle-même un établissement de ce genre. Cet orphelinat fondé en 1714, a été rebâti en 1787 vers le Nord de la ville. Les *Chroniques* (Ed. 1881. 3ᵉ vol. pag, 42 et 43) s'étendent avec complaisance sur les bâtiments consacrés à cet orphelinat; elles supputent avec une exactitude scrupuleuse la superficie des champs et des pâturages offerts à l'œuvre par des âmes généreuses. A en croire cet exposé officiel, l'orphelinat patroné par le sous-préfet jouirait d'un domaine de 8,390 arpents chinois, soit de 599 hectares. Nous ignorons si ce riche domaine existe ailleurs que dans les *Chroniques* et si les donateurs n'auraient pas offert à l'étalissement en question, des terres depuis longtemps emportées par les eaux du *Kiang*; toujours est-il que les résultats atteints par l'orphelinat officiel sont plus que modestes: trois cents enfants environ sont apportés chaque année dans cette maison-modèle de la bienfaisance païenne. Les frais faits pour les 150 nourrices qu'entretient l'établissement montent tout au plus à 6.000 francs. Le reste des revenus sert probablement à défrayer les administrateurs des peines qu'ils se donnent pour la chose publique....

Remarquons en passant qu'aucun orphelinat indigène n'a été élevé dans le *Kiang-nan*,

Je ne parlerai que des résultats de ces dernières années qui vont toujours croissant, et encore devrai-je me borner à exposer les résultats du centre principal, appelé le *Grand Kong-souo* (及 所, *Grande Eglise*). Placé au centre de l'île à 35 kilom. Est de la sous-préfecture, cet orphelinat chrétien est dirigé par des vierges indigènes et soumis au contrôle du missionnaire.

Pénétrez dans cette enceinte, qui voit chaque jour arriver 4 ou 5 de ces déshérités, entrez avec eux dans ces vastes dortoirs où les vierges chrétiennes veillent comme des mères attentives, sur les berceaux des nouveau-nés. Feuilletez ces registres, toujours entr'ouverts sur la table, et lisez ces chiffres véridiques: en 1884, 1264 enfants apportés au *Grand Kong-souo;* en 1885, 1204; en 1886, 1423; en 1887, 1432; en 1888, 1438; en 1889, 1475!...

Approchez-vous des petits lits; la plupart de ces êtres chétifs portent en eux les germes de la mort, lorsqu'ils nous sont remis, et les soins dévoués qu'on leur prodigue ne peuvent en sauver qu'un nombre très restreint. Derrière l'orphelinat se trouve le champ mortuaire; un tertre surmonté d'une croix en fer indique le lieu où reposent deux anciens missionnaires. De chaque côté, de beaux ombrages, et au milieu, la terre sainte ou le charnier des innocents. La poussière de 18.000 enfants repose dans ce champ des morts (1).

---

avant le règne de *K'ang-hi*. C'est manifestement à l'influence des missionnaires que l'on doit l'institution de cette bonne œuvre, et les géographes de l'empereur, les Pères de Mailla, Henderer et Régis qui exécutèrent leurs travaux sur le territoire du *Kiang-sou*, en l'année 1713 ou 1714, ont dû avoir la meilleure part dans l'érection de l'orphelinat de *Tsong-ming*, qui était fondé précisément à la même époque.

(1) M. Reclus qui n'omet jamais l'occasion de glisser une insinuation malveillante contre les catholiques, ne pouvant nier contre toute évidence la plaie de l'infanticide et l'utilité des orphelinats, se dédommage en disant qu'en Chine «la plupart des conversions «se font dans les classes que leur pauvreté dispense de la célébration des rites funéraires; «qu'en outre, les enfants recueillis par les prêtres en temps de guerre ou de famine, ou bien «achetés à des parents misérables, sont élevés dans la pratique du culte catholique; c'est «ainsi que se recrutent les «Chrétientés» de Chine.»

Il est faux que les païens même pauvres se croient dispensés de la célébration des cérémonies funéraires; il n'est que trop fréquent, même à *Tsong-ming*, ainsi que le déplorent les *Chroniques*, de les voir à cette occasion, contracter de folles dettes que leur vie ne suffira point à payer. Il est également faux que les «chrétientés» de Chine ne comptent point un bon nombre d'«adhérents» parmi la classe aisée. Il est faux enfin que les enfants dont parle M. Reclus, composent une partie notable de la population chrétienne. A *Tsong-ming*, où il semble que la proportion devrait être plus considérable que partout ailleurs, les pupilles de la Ste Enfance, âgés de 2 à 40 ans, forment moins du dixième des chrétiens.

Notons en terminant que les «parents misérables» qui nous abandonnent leurs enfants, à *Tsong-ming*, ne les vendent pas, et que l'on se contente de donner au porteur, pour prix de sa course, la modeste somme de cent sapèques; environ 40 centimes.

Et je n'ai point nommé l'orphelinat S. Laurent, qui a reçu l'an dernier 671 enfants abandonnés de leurs familles ; ni celui de la ville qui en reçut 404 ; ni celui de Ste Croix qui en a reçu 240, ni celui de *Tcheng-kia-tsen* qui en a eu 216 pour sa part.

Le nom de «Paradis de la Ste Enfance» appliqué à *Tsong-ming* est donc bien justifié, et les calomniateurs du *Dix-neuvième siècle* seraient aussi mal venus à nous demander ce que nous faisons des «petits sous de la Ste Enfance», qu'un mandarin Chinois à revendiquer pour sa seule patrie, le droit de faire chez elle des bonnes œuvres (1).

XXI. DÉCROISSEMENT DE L'ÎLE.

Nous sommes loin de ces temps heureux où, suivant le P. Jacquinot, «dans de gros bourgs situés d'espace en espace, on «voyait quantité de boutiques de marchands bien fournies de tout «ce qu'on peut désirer, pour les nécessités et même pour les dé-«lices de la vie.» En ces temps où une population deux fois moindre que celle d'aujourd'hui, occupait une superficie double, l'on conçoit qu'une certaine aisance ait pu régner parmi les insulaires; mais il en va bien autrement de nos jours. Trois à quatre cents habitants pourraient vivre du produit de cent hectares ; mais aujourd'hui, ce sont 1.500 pauvres qui végètent et qui meurent.

---

(1) Ainsi en 1889, les orphelinats chrétiens de *Tsong-ming* ont reçu plus de 1.000 enfants. C'est environ le treizième de la natalité totale de l'île. Les garçons n'entrant en général dans ce chiffre des enfants reçus que pour 1/5 à 1/4, on voit par là qu'en une année, l'on nous a abandonné plus de la neuvième partie des petites filles nées dans l'île entière.

Et pourtant il est certain qu'on est loin de nous confier toutes les bouches inutiles! Qu'on en juge par ce fait, que les païens n'apportent guère leurs enfants que de 8 kilom. à la ronde, au *Grand Kong-souo*, et que cette aire ne représente que le quart de l'île. L'éloignement de plusieurs orphelinats et la date plus récente de leur érection expliquent comment le peuple toujours défiant à l'égard des étrangers, ne nous a confié sur les autres parties de l'île, qu'une minime partie des enfants voués à la mort.

Notons en terminant que les remarques faites plus haut sur l'insuffisance et la triste administration de l'orphelinat civil de *Tsong-ming* s'appliquent à tous les établissements de ce genre que nous connaissons. Le siècle présent voit tomber une à une, toutes les grandes œuvres qui avaient signalé les commencements de cette dynastie. Je viens d'ouvrir les *Chron. du Ngan-hoei*, et j'y vois que sur 17 orphelinats qui ont autrefois existé dans cette province, neuf seulement sont censés subsister aujourd'hui. Les autres ont été brûlés, ou détruits, ou abandonnés.

Des documents assez précis nous retracent les phases principales de la diminution de l'île, pendant cette dernière période.

Nous possédons une carte du P. Noël datée de 1702. Elle porte à l'un de ses angles cette mention: «Insula longa 20 leucis, lata 7.» L'île aurait donc eu à ce moment une longueur d'environ 90 kilom. sur une largeur de 30 kilom. dans sa partie moyenne. La surface de l'ovale ainsi délimité ne peut être calculée que par approximation. Bien qu'il y ait lieu, croyons-nous, de réduire d'un dixième ces mesures qui n'indiquent peut-être pas les distances directes, nous ne croyons pas exagérer en fixant la surface de l'île à 15 ou 1600 kilomètres carrés.

En 1735, le P. Du Halde donne la même mesure pour la longueur de l'île, mais il réduit sa largeur à 5 lieues (22 kilom.).

Trente ans plus tard, les Chroniques assignent à l'île une longueur de 96 kilom. sur une largeur variant de 12 à 24 kilomètres.

A ces trois époques, la longueur est restée sensiblement la même, mais par suite de l'érosion des rives Nord et Sud de l'île, la proportion des axes qui était d'abord de $1/3$, est passée après 30 années à $1/4$, puis à $1/5$ dans une autre période de 30 ans.

Là ne devait point s'arrêter ce phénomène. Depuis le siècle dernier, *Tsong-ming*, diminuée de nouveau au profit de la côte de *Haï-men,* n'offre plus aujourd'hui que 13 kilomètres de large sur 78 de longueur, soit une proportion exacte de $1/6$. Et c'est ainsi que par ses pertes continues, la surface de l'île s'est vue depuis deux siècles réduite de moitié (1).

Cette série de faits pourra servir plus tard à quelque Chroniqueur, pour ouvrir un nouveau chapitre des «Profits et pertes compensés.» Il montrera comment l'ancien *Haï-men,* après avoir fourni toute sa substance à l'île de *Tsong-ming* qui se vit alors à son apogée, reprit ensuite à cette dernière les éléments qu'elle ne lui avait prêtés que pour un temps.

XXII. QUALITÉS ET DÉFAUTS.

Quel que soit le sort réservé dans l'avenir à *Tsong-ming*, on voit du moins que ses conditions d'existence sont très changées

---

(1) Une carte de *Tsong-ming* publiée naguère par les Missions Catholiques et montrant l'état comparé des côtes en 1879 et en 1885, prouve que la pointe septentrionale de l'île a reçu dans ces dernières années de notables accroissements. Est-ce par cette pointe que s'opérera la jonction de l'île avec le continent, ainsi que quelques-uns l'espèrent ? Je ne sais, mais en attendant que la branche Nord du *Kiang* soit interceptée, les descendants des insulaires actuels auront encore, suivant toute vraisemblance, de grandes calamités à subir.

D'après une gr... iques de 1760.

depuis la relation du P. Du Halde. Tout le prouve du reste dans l'aspect de ce peuple, qui porte partout avec lui les livrées de sa misère, dans ses demeures qu'il ne répare point, sur ses vêtements déguenillés et sa personne sordide.

Nous ignorons pour quelle raison «le plus ambitieux et le «plus actif des messagers que le protestantisme a envoyés en «Chine,» Gutzlaff, nous a dépeint la race de *Tsong-ming* comme «très industrieuse, propre, et confortable dans ses habitations (1).» Cette louange, erronée de tous points, nous confirme ce sévère jugement qui fut porté sur le vaniteux pasteur : «Peu d'hommes «l'ont surpassé pour la facilité avec laquelle il rédigeait des sen-«tences contenant un ensemble de propositions dont pas une seule «n'était juste (2).» Nous doutons que M. Gutzlaff ait jamais pénétré dans ces chaumières «construites en roseaux,» ou dans ces demeures ruineuses qui prouvent par leur délabrement la gêne extrême de leurs propriétaires. Tout cela est loin de la notion du confortable et même de la plus élémentaire propreté.

Quant à traiter ce peuple de «très industrieux,» c'est lui faire trop d'honneur. Qu'on dise qu'il est très laborieux, très dur aux privations, très constant dans ses entreprises, nous n'y contredirons point. Ces insulaires fourniront en un jour, pour un modique salaire, des courses de 15 lieues, poussant une brouette chargée de 100 kilogrammes et plus (3). Leurs femmes et leurs enfants feront tourner leur rouet tout le jour pour gagner en fin de compte 40 sapèques, seize centimes! Ils ne se plaindront point

---

(1) "The inhabitants are most industrious and civil people, and neat and comfortable "in their dwellings." (*China opened*. Tom. 1. pag. 81). Ce "messager" arrogant et vantard reconnut un jour que les âmes étaient difficiles à gagner: "Il y a dix indigènes "de convertis (en Chine), écrivait-il; c'est vraiment bien peu de chose." (Op. cit. T. 2. ch. 15). Aussi finit-il par "prendre une charge d'interprète auprès de la commission an-"glaise, dit le docteur Williams, avec un traitement de huit cents livres." (*The Middle kingdom*. T. 2. Ch. 19). Assurément, cette position était plus "confortable" que celle des missionnaires catholiques dans l'île de *Tsong-ming*.

(2) *The Chinese and their Rebellion*. Chap. 18. — Voir les *Missions Chrétiennes* par Marshall. "Nous ne savons, ajoute cet auteur, quel fonctionnaire anglais en Chine a "essayé de perpétuer la mémoire de M. Gutzlaff; il y a plus d'ironie que de respect dans "cette tentative. L'île de Gutzlaff près *Chusan* et non loin de *Tsong-ming*, nous dit un "voyageur récent, n'est qu'un rocher stérile. *(The Times*. August. 28, 1860)."

(3) Le prix du transport par brouette, à *Tsong-ming* comme à *Hai-men*, est communément de sept sapèques par *li*. L'ensablement des nombreux canaux (港) qui débouchent dans le fleuve limite à une zône très restreinte les transports par eau. Les eaux du *Hai-men-t'ing* ne communiquent pas du reste avec celles du *Kiang-pé*: des levées séparent de l'Est à l'Ouest les canaux de ces deux régions. Leur ouverture pratiquée secrètement par les riverains du Nord pour jeter plus vite à la mer le trop-plein de leurs canaux, a donné lieu plus d'une fois à des rixes sanglantes entre les deux races voisines.

des malheurs qui les frappent, ni des maladies qui les ruinent en les forçant d'emprunter à 30 et 40 pour cent, ni de la mer qui mine leurs champs, ni de la tyrannie du plus fort qui les tient à tout instant sous l'empire de la terreur. Soit! C'est beaucoup peut-être; mais c'est tout!

A part les ressources qu'offrent aux riverains la pêche et l'exploitation de quelques plages salantes (1), ils n'ont d'autre industrie que la culture vulgaire de leurs champs. Aucun souci de perfectionner des instruments qu'ils tiennent des temps antiques; aucune exploitation industrielle de produits importés du dehors; aucune intelligence du négoce (2). Voilà certes plus de caractères qu'il n'en faut pour juger que la relation du Rév. Gutzlaff, non moins que les louanges de M. Reclus, constitue une amère dérision.

Nous avons parlé tout-à-l'heure de la «tyrannie du plus fort» et quelques mots d'explication sont ici nécessaires.

---

(1) Le système signalé par Grosier pour l'exploitation de ces salines, qui ne sont nullement des "mines de sel gemme," comme l'affirme un dictionnaire de géographie, mais de simples terrains salants, n'a subi aucune modification depuis un siècle. La gravure que nous reproduisons d'après l'édition de 1760, donne une idée assez exacte de ce travail. Sur le sol que l'on unit comme une aire parfaitement plane, l'on étend une légère couche de braise, qui, sous l'action du soleil, ne tarde pas à se couvrir de cristaux. On lave alors cette braise dans un bassin d'où les eaux s'écoulent dans un second réservoir. Ces eaux saturées par plusieurs lavages successifs, sont ensuite bouillies dans de vastes bassines chauffées par un feu de roseaux. L'évaporation donne un sel parfaitement blanc, très supérieur à cette drogue grisâtre et malpropre que, sur le continent où l'Etat s'est réservé le monopole de la vente, on désigne sous le nom trop significatif de sel mandarinal (官 鹽).

Voici ce que nous apprennent les Chroniques au sujet de cette exploitation: «Des officiers de la gabelle avaient été préposés aux salines de *Tsong-ming* longtemps avant l'érection de l'île en district.... Mais depuis l'année 1601, la fabrication du sel cessa d'être soumise à des fermiers et d'être régie par des mandarins. Le sel, qu'on obtient par râclage et cuisson, est consommé dans le pays même. Les plages à sel paient seulement le tribut assigné aux autres terres. Malgré cette insigne faveur de la munificence impériale, il arrive encore souvent, soit parce que les terrains salants tombent à la mer, soit parce qu'ils se changent en terres douces, qu'il faille abandonner l'entreprise.» Le P. Du Halde à propos de ces changements fait une remarque qui n'est guère moins naïve que les réflexions du chroniqueur: «Ce sont là, dit-il, de ces secrets de la nature, que l'esprit humain s'efforcerait vainement de pénétrer.»

Il paraît qu'à l'époque du P. Du Halde, on tirait de *Tsong-ming* «une si grande quantité de sel, que non-seulement toute l'Isle en faisait provision, mais qu'on en fournissait encore ceux de Terre Ferme.» Actuellement la concurrence que font à ces salines celles du *Kiang-pé* et de *Hai-men*, a singulièrement diminué la valeur de ce produit pour nos insulaires, ainsi que nous l'apprenaient tout-à-l'heure les Chroniques.

(2) C'est un fait bien curieux, par exemple, que dans toute la presqu'île de Hai-men, dont le sol leur appartient exclusivement, les descendants des Tsongminois ont abandonné à d'autres le commerce de leurs bourgs. Monts-de-piété, banques, teintureries, pharmacies, tout ce qui touche au grand commerce ou à l'industrie technique, est aux mains des étrangers; gens de *Nan-king*, de *Ning-po*, du *Kiang-pé* ou d'ailleurs.

XXII. QUALITÉS ET DÉFAUTS. 55

Il existe par toute la Chine, mais particulièrement à *Tsong-ming* une classe nombreuse de scélérats, la terreur et la ruine des gens simples et faibles. Nommés *Koang-koen* ou *Koang-tan* (光棍, 光蛋) dans les pays de langage mandarin, *Lieou-mong* et *Ta-bi* (流氓, 楊桔) dans la plaine de *Chang-hai*, ils s'appellent *Lang-tang* (浪蕩) à Hai-men et dans l'île de *Tsong-ming*. Dans cette dernière contrée, ces hommes sans conscience substituent leur influence à celle des mandarins, trop faibles, hélas ! pour protéger l'innocence opprimée. Le moindre bourg de *Tsong-ming* est rempli de ces êtres dégradés, clientèle ordinaire des fumeries d'opium et des mauvaises maisons, qui sous prétexte de venger la vertu outragée, se posent comme les justiciers souverains du peuple. L'intimidation est leur arme, la lâcheté et le silence des mandarins leurs complices. Sans autre autorité que celle que leur donnent l'astuce et l'audace, ils sont sans cesse en quête de quelque affaire véreuse, ou de quelque scandale qu'ils provoquent au besoin : mariages et contrats, rixes, suicides et procès, tout est bon pour leur fin ; ils font curée de tout et ne quittent plus leur proie qu'ils n'en aient dévoré la substance. Le récit de leurs exploits serait long et nous ne pouvons nous étendre davantage sur ce triste sujet. C'en est assez du moins pour voir comment, même en ayant un sous-préfet à leur tête, «les colons de *Tsong-* «*ming* s'administrant eux-mêmes» vivent à la fois «heureux et po- «licés.» Cette tyrannie du peuple prend un caractère encore plus révoltant et plus barbare, lorsqu'on s'éloigne davantage du chef-lieu où réside, outre le magistrat civil, le chef militaire avec ses soldats. *Les Chroniques* en font la remarque expresse, au chapitre des *Mœurs*. Mais les excès les plus sauvages sont ceux qui se commettent contre les étrangers. Les deux extrémités de l'île et surtout la côte Haiménoise recèlent des associations de pirates nombreuses et bien organisées. J'ai connu plusieurs de leurs chefs, vrais forbans qui pillent, brûlent et tuent. Mes quatre années de séjour dans ces parages m'ont appris ce que vaut un peuple, quand ses chefs sont trop faibles pour lui faire respecter les «règlements (1).»

---

(1) Je choisis un seul fait. Le 17 Août 1886, l'«Envoy,» voilier allemand de 340 tonn., venant de Siam chargé de bois des Indes, s'échoua par un temps de brouillard, sur des sables mouvants entre l'île et la pointe de *Hai-men*. Les officiers européens périrent dans ce naufrage. De nombreuses barques des hommes des sables vinrent aussitôt s'abattre sur cette proie ; ils dépouillèrent le corps du capitaine, lui coupèrent les doigts pour avoir ses bagues, puis livrèrent le vaisseau au pillage et revinrent chargés de leur butin, dont une partie remonta le *Kiang*, tandis que l'autre était coulée dans leurs fossés. C'était autant de sauvé, car quelques jours après l'«Envoy» avait complètement disparu dans le gouffre.

Cependant le correspondant européen de ce navire, prévenu du sinistre par des matelots chinois qui avaient pu se sauver, obtenait une lettre de recommandation du *Tao-tai* de *Chang-hai*, et se rendait accompagné d'un interprète, sur la côte nord-est de *Tsong-*

XXIII. ECONOMIE DOMESTIQUE.

Tsong-ming est dans une extrême détresse, et pourtant il lui faudrait si peu pour faire vivre les siens ! Les mœurs actuelles de l'Europe ne peuvent nous donner aucune idée de ces prodiges d'économie. Croirait-on qu'un cultivateur de la classe moyenne, nourrit une famille de six personnes, pendant un an, pour la somme de cent douze francs?

Nous doutons cependant que le régime soit du goût de nos compatriotes : le menu est composé d'une épaisse purée de maïs cuit à l'eau, additionné parfois de blé concassé. Les plus riches mangent surtout de ce blé (1), auquel ils ajoutent un peu de riz. Quelques maigres légumes, choux, fèves ou navets, cultivés auprès de la maison et ménagés avec la plus grande parcimonie, la plupart du temps horriblement salés pour contenir sans doute l'avidité des consommateurs, parfois une purée de crabes, ou quelques bribes de poisson séché au soleil, accompagnent ce brouet que n'eussent pas désavoué les vertueux Spartiates. L'homme le plus robuste mange au plus, en un jour, deux litres et demi de ce composé culinaire qui lui revient à 30 ou 40 sapèques suivant la qualité.

Une famille constituée des parents et de quatre enfants d'âge

---

ming. Il prend là des informations précises. «Non loin de l'église S. Joseph, lui dit-on, «sur le littoral de *Hai-men*, vous trouverez un important dépôt de ces épaves.» Il se rend à l'endroit indiqué et y découvre en effet toute une cargaison de bois de teck. Il veut entrer en pourparlers avec l'auteur de la capture; celui-ci prend une pièce de ce bois et en frappe cruellement l'étranger qui tombe à terre, la jambe brisée. On se rue sur lui; on lui arrache sa montre, on lui vole son argent, et on le force séance tenante à signer un acte par lequel il reconnaît l'innocence complète de ses bourreaux; puis on le traîne sanglant sur la boue du rivage et on le jette dans la barque qui l'avait amené. J'apprenais ces détails, deux jours après, de la bouche de nos chrétiens, proches voisins de ces sauvages. A quelque temps de là, je vis apparaître en face de notre église, une barque militaire, chargée par le *Tao-tai* de *Chang-hai* de se saisir des coupables. Plainte avait été en effet portée à ce dignitaire par le consul du malheureux correspondant. Pendant trois jours, le chef de la canonnière chinoise envoya ses soldats à terre, à la recherche des coupables. Ceux-ci s'étaient retirés à quatre kilomètres de là, au bourg de *Hoei-ngan-tsen* (惠 安). Les soldats vinrent les y visiter, l'arme au bras, et ils burent ensemble à l'honneur national. La barque militaire revint ensuite à *Chang-hai* et le commandant dans son rapport au *Tao-tei*, annonça que «justice avait été faite.»

Ce fut une grande joie pour le pauvre blessé qui gisait sur son lit d'hôpital.

Je tiens ce dernier trait du Père P....qui le visitait chaque jour.

Ce fait suffit, mais je pourrais en rapporter d'autres de date aussi fraîche, pour confirmer la thèse que j'énonçais plus haut.

(1) Nommé *lei-mai* «espèce de blé barbu, observe le P. Du Halde, qui bien que sem-«blable au sègle est pourtant d'une autre nature.»

LA PÊ... IANG.
D'après une g... ...iques de 1760.

moyen, se suffit avec 15 piculs de grains pour une année. Au cours moyen actuel du maïs, ce volume représente une somme d'environ 19.000 sapèques. Ajoutez encore quelques ligatures de sapèques pour l'achat des roseaux qui servent de combustible et vous obtiendrez la somme totale que nous avons indiquée plus haut.

Nous extrayons, en terminant, quelques passages curieux du recueil des *Coutumes* contenu dans les *Chroniques;* ces lignes rendent bien la physionomie générale de la race dont nous avons retracé l'histoire.

«Ce peuple, quoique pauvre, est laborieux, patient, économe; «il se passe de domestiques. Les femmes et les jeunes filles, «même dans les familles à l'aise, s'occupent tout le jour à filer «ou à tisser; on ne les voit pas dans l'oisiveté; à la ville et dans «les bourgs, elles font des travaux de broderie; à la campagne, «elles manient la hotte et la charrue.»

«*Tsong-ming* possède peu de maisons à étage ou de construc- «tions élevées; c'est afin d'éviter la violence des vents venus de «la mer. A l'intérieur de l'île, les barques ne peuvent communi- «quer par les canaux qui restent ensablés; tous les transports se «font par voie de terre; le bruit strident des brouettes ne cesse «pas du matin au soir et le sable qui vole vient frapper le visage, «comme dans les contrées du Nord (1).»

«A *Tsong-ming* les six ou sept dixièmes des terres sont plantés «de coton. L'ouvrage *Nong-tcheng-t'siuen-chou* (農政全書, *Traité* «*complet d'agriculture*) dit: «Choisissez bien la graine; semez-la «de bonne heure; que la racine soit profonde, la tige courte; «que les plants soient espacés et bien buttés.» Ces quatre senten- «ces comprennent tout l'art de cultiver le coton. Il se sème vers «le *T'sing-ming (Clarté sereine* - du 4 au 21 Avril), et on le récolte «au *Li-t'sieou (Commencement de l'automne* - du 7 au 22 Août) (2). «Avant de le semer, tourner et retourner la terre pour qu'elle soit «bien travaillée; après les semailles, la sarcler avec soin, pour la «purger des mauvaises herbes. En été les fleurs s'ouvrent, puis «il se forme un petit fruit qu'on appelle clochette et dont la gousse «s'entr'ouvrant, laisse échapper le coton. Au moyen d'un cylindre

---

(1) A cet endroit, le chroniqueur fait sur la nature des eaux qui baignent *Tsong-ming* une dissertation dont nous ne citerons que les premières lignes: «Il est conforme à la na- «ture de l'eau d'être salée dans la mer et douce dans les canaux et les fleuves.» De ce principe premier, l'auteur tire une conclusion qui permet de se rendre compte de la double zône des cultures et des salines. «Ainsi, dit-il, peut-on cultiver toutes les parties de l'île «qui se trouvent à l'intérieur du *Kiang*, tandis qu'il est difficile de fertiliser celles qui don- «nent sur la mer.»

(2) Les Chinois divisent l'année en 24 parties ou *articles* (節), rachetant ainsi pour les besoins de l'agriculture ce qu'il y a de défectueux dans leur système des mois lunaires. Le *T'sing-ming* (清明) et le *Li-t'sieou* (立秋) correspondent à deux de ces divisions.

«en fer, on le débarrasse de la graine dont on peut exprimer de
«l'huile. Une corde tendue par un arc de bois long de six pieds et
«plus (et que l'on fait vibrer) bat le coton pour l'affiner; on le
«roule ensuite en cylindres qu'on file au rouet, l'étirant comme
«on fait en dévidant la soie. Enfin l'on tisse la toile. Les femmes
«des cultivateurs font elles-mêmes cette toile et partagent ainsi
«les labeurs de leurs maris. Le grincement de leurs rouets se
«prolonge après le jour, bien avant dans la nuit. Ce travail du
«coton est très pénible et pourtant ne donne pas les mêmes béné-
«fices que celui de la soie ou du chanvre. La toile de *Tsong-
«ming,* il est vrai, a une solidité et une largeur que n'a pas celle
«des autres pays, et sa spécialité est bien connue.»

«L'arrondissement est entouré de tous côtés par la mer; son
«terroir est maigre; ses habitants sont misérables. Outre l'agricul-
«ture, ils n'ont d'autre moyen d'existence que la pêche en mer et la
«récolte des roseaux au milieu des fondrières. Ceux qui se livrent
«à ces travaux courent de grands périls, et les peines qu'ils se
«donnent dépassent de beaucoup celles des cultivateurs (1).»

XXIV. CONCLUSION.

Ce n'est point d'un gouvernement égoïste que ce peuple doit
attendre son salut. Ce n'est point de nouvelles terres: celles-ci
s'accroissent moins vite que ses fils. Dieu seul pourrait changer
son destin et détourner de lui le fléau. Puissent ces pauvres insulaires le comprendre enfin! La multitude d'âmes innocentes que
l'œuvre de la Ste Enfance a envoyées au ciel et les circonstances
providentielles qui accompagnèrent l'introduction de la foi dans
cette île, nous donnent la confiance qu'un jour *Tsong-ming* re-
courra à celui qui peut seul le sauver.

Un des grands ministres ou *Ko-lao* (閣老) de l'Empire, *Siu
Koang-k'i* (徐光啟) recevait le baptême dans les premières années
du 17e siècle (1603). Son influence avait entraîné aux environs de
Chang-hai, sa patrie, de si nombreuses conversions, que cette
contrée mérita le surnom de *Siao-si-yang* (小西洋) *Petite Eu-*

---

(1) *Chron. de Tsong-ming.* Tom. 4. chap. des *Coutumes.*

Nous ne pouvons terminer cette notice sans citer la mention accordée à *Tsong-ming*
par le *China Pilot* (1864 pag. 209): «The estuary of the Yang-tse is wide, and divided into
«two channels by *Tsong-ming* island, which is 32 miles long in a W.N.W. and E.S.E direc-
«tion, 5 to 10 miles broad, and is stated to be the largest alluvial island in the world,
«containing a population of about half a million, although in the fourteenth century it
«did not exist above water. There is said to be a large city on the island, but it is not visi-
«ble from the sea.»

Inutile de relever les erreurs contenues dans cette mention.

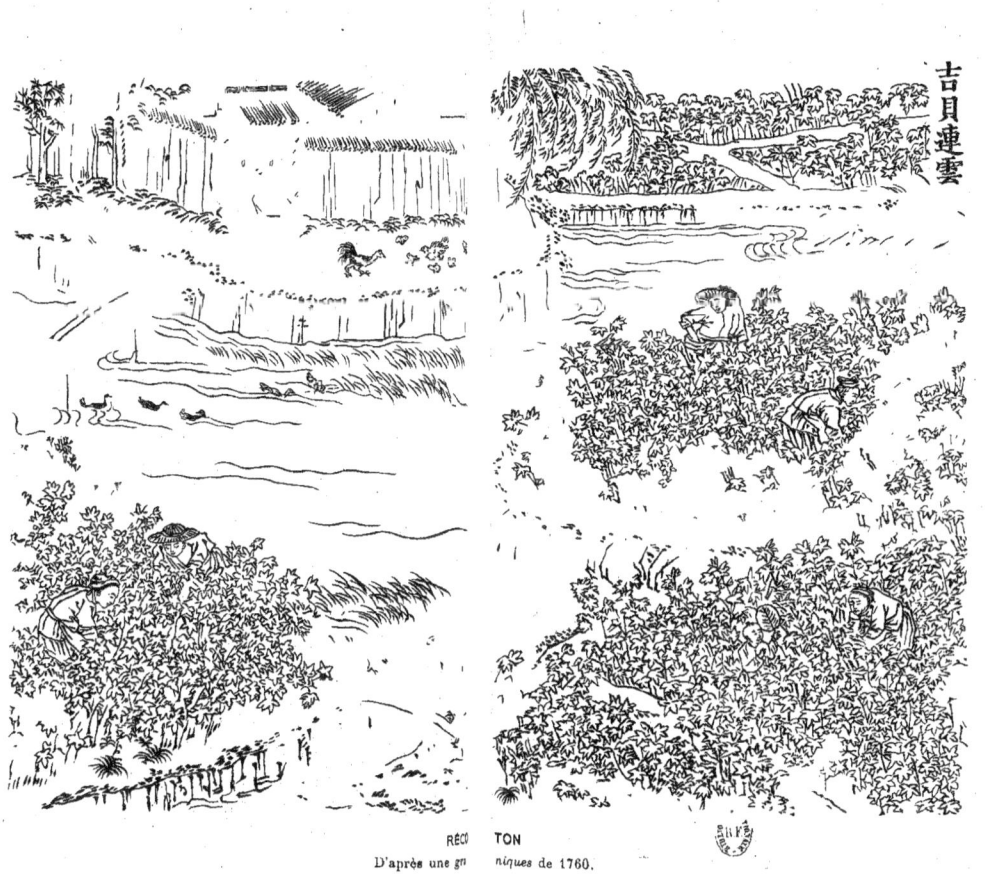

RÉCO... TON
D'après une gr... niques de 1760.

rope, sous laquelle on la connaît encore aujourd'hui (1). Or un jour de l'année 1638, le P. Brancati, l'un des apôtres les plus zélés de cette nouvelle chrétienté, se trouvant à *Pao-chan* (寶 山), sous-préfecture située sur la rive droite du *Kiang,* aperçut dans le lointain l'île de *Tsong-ming* se déroulant à l'horizon ainsi qu'un long ruban. N'était-ce point là aussi une Terre promise? Le Jésuite l'espéra et demanda à Dieu de réaliser son espoir. De retour à *Chang-hai,* il communique à ses frères l'objet de ses prières et convient avec eux de s'unir d'intention pendant neuf jours, pour obtenir du Ciel l'ouverture de l'île à la foi.

Or le dernier jour de la neuvaine, les Pères de *Chang-hai* virent arriver dans leur église, quatre visiteurs païens qui demandaient à s'instruire des vérités de la religion chrétienne. Ils venaient de *Tsong-ming* où l'un d'eux, *Siu K'i-yuen* (徐 啟 元) exerçait la médecine. Cet homme jeune encore avait plusieurs fois, au prix de longs et périlleux voyages entrepris aux pagodes célèbres de diverses provinces, tenté, mais vainement, de conquérir la vérité avec la paix de l'âme. Il entend un jour parler de la religion du «Seigneur du ciel» et aussitôt, malgré un ulcère dont il souffre cruellement, il entreprend le voyage de *Chang-hai*.

Sa conversion et celle de ses premiers compagnons ne furent point stériles pour leur patrie. Bientôt leur zèle à propager la foi fournit aux Pères Brancati, Le Favre, Couplet et Wang, qui visitèrent l'île à différentes reprises, des catéchumènes doués du même esprit qu'eux.

Siu K'i-yuen, le fondateur de la chrétienté Tsongminoise, s'éteignit doucement en 1676, après avoir vu s'élever dans l'île la première église vraiment digne de ce nom, due aux largesses de Candide *Hiu* (許) (2). En 1696, *Tsong-ming* comptait neuf églises et plus de 3.000 chrétiens. Peu d'années après, le P. Fr. Pinto, le premier missionnaire qui ait résidé habituellement dans l'île, voyait ce dernier chiffre s'élever à 5.000 (3).

Ce sont les descendants de ces chrétiens, prémices de la foi parmi les hommes des sables, trop souvent éprouvés par les persécutions et par la privation de leurs «Pères spirituels», qui composent la plus grande partie des 17.000 chrétiens que comptent aujourd'hui *Tsong-ming* et la presqu'île de *Hai-men.*

Ou-hou. Janvier 1891.

---

(1) *Siu Koang-k'i* est l'auteur du Traité d'agriculture cité plus haut.

(2) Candide *Hiu,* petite-fille de *Siu Koang-k'i,* bienfaitrice insigne des Missions naissantes de Chine, mourut à *Song-kiang,* le 24 Octobre 1680, âgée de 73 ans. Sa vie édifiante a été écrite par le P. Couplet, S. J. sous ce titre: *Histoire d'une Dame chrétienne de la Chine* (Paris. 1688).

(3) *Sinarum historia,* man. P. Dunyn. Szpot. — *Etude historique sur le Christianisme à Tsong-ming,* man. du P. J. Loriquet. S. J.

INDEX.

		Pag.
Avant-propos		1
I.	Les malheurs d'un critique moderne...	1
II.	Nos sources..	5
III.	Première période: Profits et pertes compensés (以漲補坍).	7
IV.	Théorie du soulèvement.	9
V.	Les troubles du Fleuve Bleu.	12
VI.	L'âge de Tsong-ming..	14
VII.	Origine des premiers colons.	15
VIII	Seconde période: Les cinq migrations (五遷).	16
IX.	Mandarins et tribut.	19
X.	Les Japonais à Tsong-ming.	21
XI.	Le dialecte de Tsong-ming.	24
XII.	L'alluvion.	30
XIII.	Le Mont-Loup..	32
XIV.	L'ancien Hai-men.	34
XV.	Le nouveau Hai-men.	36
XVI.	Une colonie moderne.	39
XVII.	Propriété foncière...	40
XVIII.	Les tempêtes.	42
XIX.	La population.	47
XX.	Misère et charité.	48
XXI.	Décroissement de l'île.	51
XXII.	Qualités et défauts.	52
XXIII.	Economie domestique.	56
XXIV.	Conclusion...	58

ERRATUM.

Pag. 28, lig. 12 et suiv. effacer depuis ces mots «et qu'ils n'aient» jusqu'à «encore moins.»

ZI-KA-WEI. — TYP. DE LA MISSION CATHOLIQUE.

www.ingramcontent.com/pod-product-compliance
Lightning Source LLC
Chambersburg PA
CBHW070250100426
42743CB00011B/2214